本书列入 2011—2020 年国家古籍整理出版规划

周一良批校颜氏家训

[北齐] 颜之推 著

周一良 批校　周启锐 整理

天津出版传媒集团
天津人民出版社

图书在版编目(CIP)数据

周一良批校《颜氏家训》/(北齐)颜之推著;周一良批校;周启锐整理. -- 天津:天津人民出版社, 2017.12

ISBN 978-7-201-12767-5

Ⅰ.①周… Ⅱ.①颜… ②周… ③周… Ⅲ.①家庭道德-中国-南北朝时代②《颜氏家训》-注释 Ⅳ.①B823.1

中国版本图书馆 CIP 数据核字(2017)第 305150 号

周一良批校《颜氏家训》

ZHOUYILIANG PIJIAO *YANSHIJIAXUN*

出　　版　天津人民出版社
出 版 人　黄　沛
地　　址　天津市和平区西康路 35 号康岳大厦
邮政编码　300051
邮购电话　(022)23332469
网　　址　http://www.tjrmcbs.com
电子信箱　tjrmcbs@126.com

策划编辑　任　洁
责任编辑　金晓芸
装帧设计　Mark 明轩文化·王　烨

印　　刷　天津市豪迈印务有限公司
经　　销　新华书店
开　　本　787 毫米×1092 毫米　1/8
印　　张　23.5
插　　页　4
字　　数　300 千字
版次印次　2017 年 12 月第 1 版　2017 年 12 月第 1 次印刷
定　　价　298.00 元

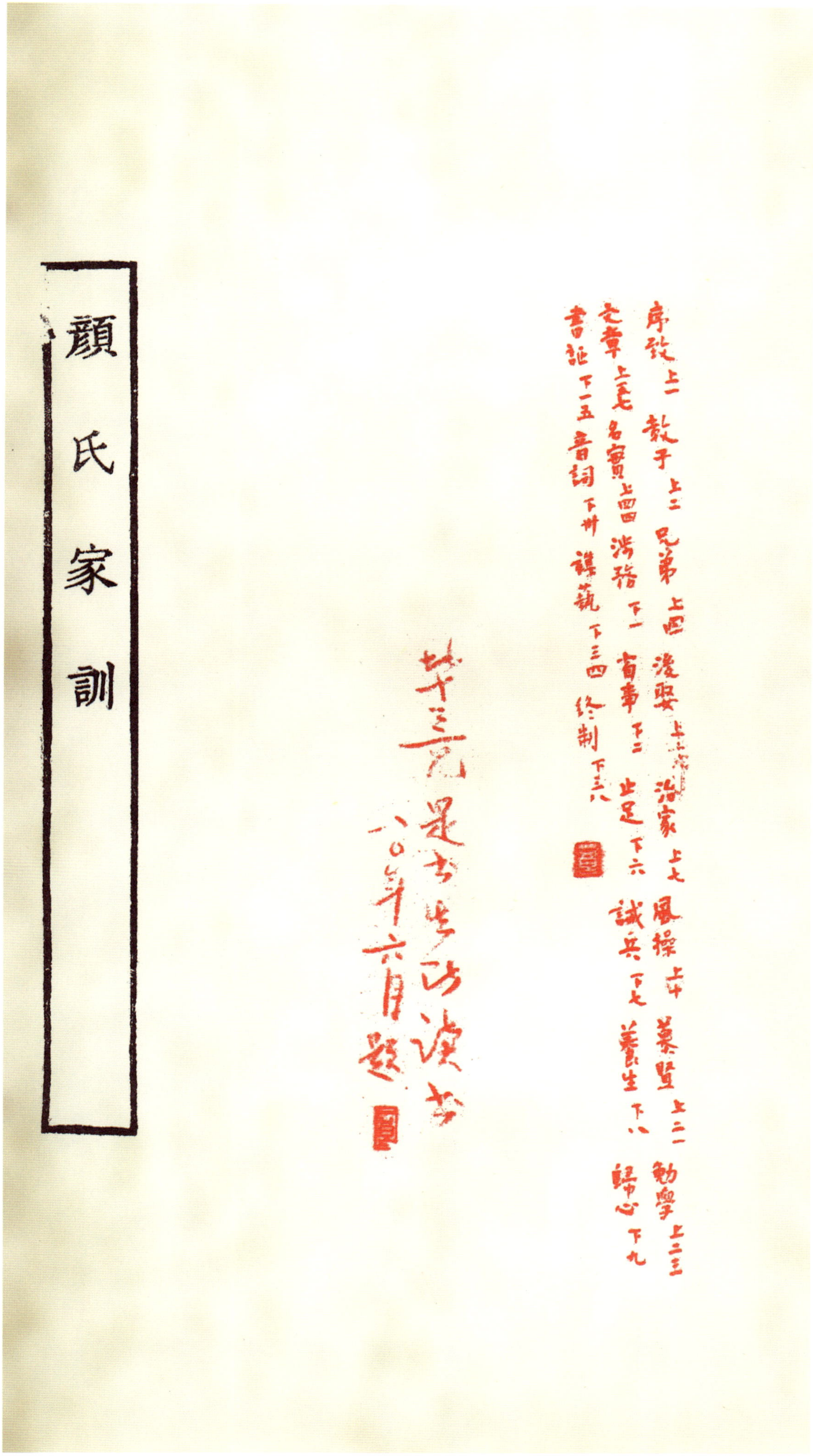

○序致上一 教子上二 兄弟上四 后娶上六 治家上七 风操上十 慕贤上二一 勉学上二三 文章上三七 名实上四四 涉务下一 省事下二 止足下六 诚兵下七 养生下八 归心下九 书证下一五 音词下卅 杂艺下三四 终制下三八

○毕竟是书生所读书 八〇年六月 题

顏氏家訓

四部叢刊子部

上海涵芬樓借江安傅氏雙鑑樓藏明遼陽傅氏刊本景印原書版匡高營造尺五寸九分寬四寸二分

刻顏氏家訓序

史壁曰書靡範曷書也言靡範曷言也言書靡範雖聯篇縷章贅焉亡補乃北齊顏黃門家訓質而明詳而要平而不詭蓋序致至終篇罔不折衷今古會理道焉是可範矣壁少時家君東軒公嘗援引為訓俾知

嚮方顧其書雖晦菴小學間見一二然全帙寡傳莫獲考見頃得中秘本手自校錄適遼陽傅太平以報政來就予索古書予出之觀且語之故太平曰吾志也是惡可弗傳諸亟持歸刻焉夫振古渺邈經殘教荒馴至于今變趨愈下豈典範未嘗究耶

孰謂古道不可復哉乃若書之傳以褆身

以範俗爲

今代人文風化之助則不獨顏氏一家之

訓乎爾茲太平刻書之意也太平名鑰以

司諫作郡有治行今爲浙江副使

嘉靖甲申夏六月望吉

賜進士出身翰林院侍講承德郎

經筵

國史官南郡陽峯張璧序

〇卢本。

顏氏家訓卷上

北齊黃門侍郎顏　之推　撰

明蜀榮昌後學命宗元　校

序致篇一

夫聖賢之書教人誠孝慎言檢迹立身揚名亦已備矣魏晉以來所著諸子理重事複遞相模斆猶屋下架屋牀上施牀耳吾今所以復爲此者非敢軌物範世也業以整齊門内提撕子孫夫同言而信信其所親同命而行行其所服禁童子之暴謔則師友之誡不如傅婢之指揮止凡人之鬬閱則堯舜之道不如

寡妻之誨諭吾望此書爲汝曹之所信猶賢於傅婢寡妻耳　吾家風教素爲整密昔在齠齔便蒙誨誘每從兩兄曉夕溫凊規行矩步安辭定色鏘鏘翼翼若朝嚴君焉賜以優言問所好尚勵短引長莫不懇篤年始九歲便丁荼蓼家塗離散百口索然慈兄鞠養苦辛備至有仁無威導示不切雖讀禮傳微愛屬文頗爲凡人之所陶染肆欲輕言不備邊幅年十八九少知砥礪習若自然卒難洗盪二十以後大過稀焉每常心共口敵性與情競夜覺曉非今悔昨失自憐無教以至於斯追思平昔之指銘肌鏤骨非徒古

書之誡經目過耳故留此二十篇以爲汝曹後範耳

教子篇二

上智不教而成下愚雖教無益中庸之人不教不知也古者聖王有胎教之法懷子三月出居别宫目不邪視耳不妄聽音聲滋味以禮節之書之玉版藏諸金匱子生咳𠷔師保固明仁孝禮義導習之矣凡庶縱不能爾當及嬰稚識人顔色知人喜怒便加教誨使爲則爲使止則止比及數歲可省笞罰父母威嚴而有慈則子女畏慎而生孝矣吾見世間無教而有愛每不能然飲食運爲恣其所欲宜誡翻奬應訶反

顏氏家訓卷一　　十

笑至有識知謂法當耳驕慢已習方復制之捶撻至死而無威忿怒日隆而增怨逮于成長終爲敗德孔子云少成若天性習慣如自然是也俗諺曰教婦初來教兒嬰孩誠哉斯語　凡人不能教子女者亦非欲陷其罪惡但重於訶怒傷其顏色不忍楚撻慘其肌膚耳當以疾病爲諭安得不用湯藥鍼艾救之哉又宜思勤督訓者可願苛虐於骨肉乎誠不得已也

王大司馬母魏夫人性甚嚴正王在湓城時爲三千人將年踰四十少不如意猶捶撻之故能成其勳業

梁元帝時有一學士聰敏有才爲父所寵失於教義

○梁书四五王僧辩。

○寻阳记：『江州，成帝咸和元年移理湓城，即今郡是』。卢氏引此文以解湓城，非也。宋齐史书屡见湓城，俱不言为州治所在。梁书四三韦粲传：见江州刺史当阳公大心曰，中流任重，当须应接，不可缺镇。今直且张声势，移镇湓城。知梁世湓城亦非江州治所。盖寻阳要地，有兵事则置兵，犹建康之有石头、东府等城也。此非指僧辩为江州刺史时而言。本传：湘东王为江州，仍除云骑将军司马，守湓城。为三千人将正是时也。若言为刺史时，奚啻一言之是徧於行路終年譽之一行之非揜藏文飾冀其自改年登婚宦暴慢日滋竟以言語不擇爲周逖抽腸釁鼓云　父子之嚴不可以狎骨肉之愛不可以簡簡則慈孝不接狎則怠慢生焉由命士以上父子異宫此不狎之道也抑搔癢痛懸衾篋枕此不簡之教也或問曰陳亢喜聞君子之遠其子何謂也對曰有是也蓋君子之不親教其子也詩有諷刺之詞禮有嫌疑之誡書有悖亂之事春秋有衺僻之譏易有備物之象皆非父子之可通言故不親授耳其意見白虎通　齊武成帝子瑯琊王太子母弟也生而聰慧

三千人将邪？而迳谓湓城为江州之治者，其惑亦可解也。梁书敬帝纪：太平二年正月，分寻阳等五郡置西江州。舆地纪胜引庐山记云：『梁太清二年，萧大心因侯景之乱，欲依险固，乃移于湓口城。即今城也。』元和志：江州自晋元帝后或理湓城，或理寻阳，或理半洲。注：『在湓城近侧。』及陈世，江州又尝治湓城。陈书廿华皎传：『镇湓城，知江州事。』

〇当是周迪，陈书有传。

帝及后並篤愛之衣服飲食與東宮相準帝每面稱之曰此縣兒也當有所成及太子即位王居別宮禮數優僭不與諸王等太后猶謂不足常以為言年十許歲驕恣無節詭服玩好必擬乘輿常朝南殿見與御進新氷鈎盾獻早李還索不得遂大怒詬曰至尊已有我何意無不知分齊率皆如此識者多有叔段州吁之譏後嫌宰相遂矯詔斬之又懼有救乃勒麾下軍士防守殿門既無反心受勞而罷後竟坐此幽斃　人之愛子罕亦能均自古及今此弊多矣賢俊者自可賞愛頑魯者亦當矜憐有偏寵者雖欲以厚

之吏所以禍之共叔之死毋實爲之趙王之戮父實使之劉表之傾宗覆族袁紹之地裂兵士可爲靈龜明鑒也　齊朝有一士大夫嘗謂吾曰我有一兒年已十七頗曉書疏教其鮮卑語及彈琵琶稍欲通解以此伏事公卿無不寵愛亦要事也吾時俛而不荅異哉此人之教子也若由此業自致卿相亦不願汝曹爲之

兄弟篇三

夫有人民而後有夫婦有夫婦而後有父子有父子而後有兄弟一家之親此三而已矣自茲以往至于

九族皆本於三親焉故於人倫爲重者也不可不篤兄弟者分形連氣之人也方其幼也父母左提右挈前襟後裾食則同案衣則傳服學則連業遊則共方雖有悖亂之人不能不相愛也及其壯也各妻其妻各子其子雖有篤厚之人不能不少衰也娣姒之比兄弟則疎薄矣今使疎薄之人而節量親厚之恩猶方底而圓蓋必不合矣唯友悌深至不爲傍人之所移者免夫　二親既歿兄弟相顧當如形之與影聲之與響愛先人之遺體惜已身之分氣非兄弟何念哉兄弟之際異於他人望深則易怨地親則易弭譬

猶居室一穴則塞之一隙則塗之則無頹毁之慮如雀鼠之不卹風雨之不防壁陷楹淪無可救矣僕妾之爲雀鼠妻子之爲風雨甚哉　兄弟不睦則子姪不愛子姪不愛則群從疏薄群從疏薄則僮僕爲讎敵矣如此則行路皆踏其面而蹈其心誰救之哉人或交天下之士皆有歡愛而失敬於兄者何其能多而不能少也人或將數萬之師得其死力而失恩於弟者何其能疎而不能親也　娣姒者多爭之地也使骨肉居之亦不若各歸四海感霜露而相思佇日月之相望也况以行路之人處多爭之地能無間者

〇见南齐书卅九本传。

見南齊書卅九本傳

鮮矣所以然者以其當公務而執私情處重責而懷薄義也若能恕己而行換子而撫則此患不生矣人之事兄不可同於事父何怨愛弟不及愛子乎是反照而不明也沛國劉璡嘗與兄瓛連棟隔壁瓛呼之數聲不應良久方荅瓛怪問之乃云向來未着衣帽故也以此事兄可以免矣　江陵王玄紹弟孝英子敏兄弟三人特相愛友所得甘旨新異非共聚食必不先嘗孜孜色貌相見如不足者及西臺陷没玄紹以形體魁梧爲兵所圍二弟爭共抱持各求代死終不得解遂并命爾

後娶篇四

吉甫賢父也伯奇孝子也賢父御孝子合得終於天性而後妻間之伯奇遂放曾參婦死謂其子曰吾不及吉甫汝不及伯奇王駿喪妻亦謂人曰我不及曾參子不如華元並終身不娶此等足以爲誡其後假繼慘虐孤遺離間骨肉傷心斷腸者何可勝數慎之哉慎之哉　江左不諱庶孽喪室之後多以妾媵終家事疥癬蚊虻或未能免限以大分故稀鬭鬩之耻河北鄙於側出不預人流是以必須重娶至于三四母年有少於子者後母之弟與前婦之兄衣服飲食

〇宋本有。

〇梁书二一王志传：『年九岁，居所生母忧，哀容毁瘠。』是志乃庶子矣，而下文又云：『弱冠，选尚宋孝武女安固公主，拜驸马都尉、秘书郎。』亦江左不讳庶孽之一证。褚涉亦庶子尚主。

〇中原重嫡庶之别，固是周汉以来旧俗，然亦与入主中国之塞外民族有关。如晋书一〇二刘聪载记：既杀兄和，群臣劝即尊位。聪初让

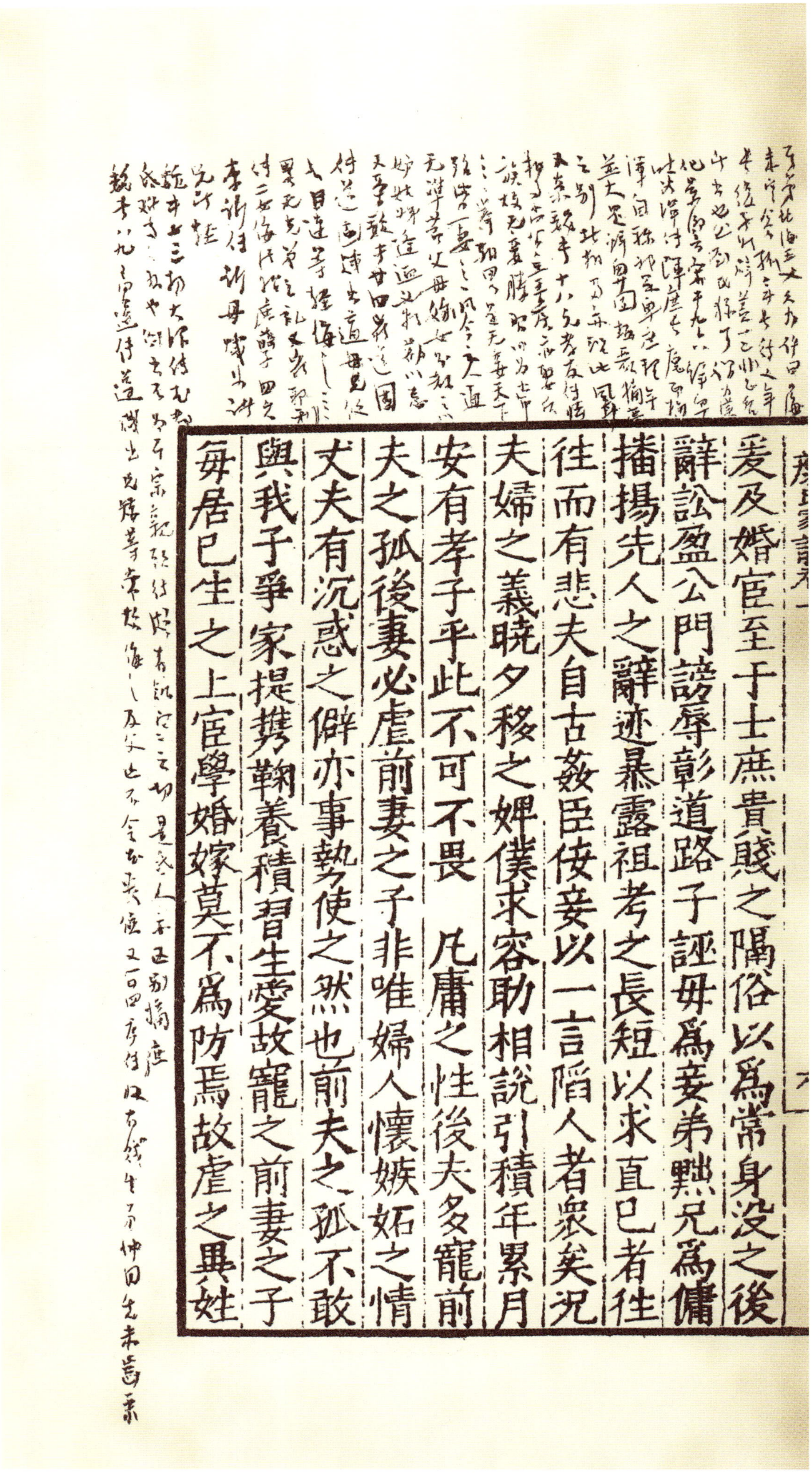

顏氏家訓卷一

爰及婚宦至于士庶貴賤之隔俗以爲常身沒之後
辭訟盈公門謗辱彰道路子誣母爲妾弟黜兄爲傭
播揚先人之辭迹暴露祖考之長短以求直己者往
往而有悲夫自古姦臣佞妾以一言陷人者衆矣況
夫婦之義曉夕移之婢僕求容助相說引積年累月
安有孝子乎此不可不畏　凡庸之性後夫多寵前
夫之孤後妻必虐前妻之子非唯婦人懷嫉妬之情
丈夫有沉惑之僻亦事勢使之然也前夫之孤不敢
與我子爭家提携鞠養積習生愛故寵之前妻之子
每居己生之上宦學婚嫁莫不爲防焉故虐之異姓

其弟北海王乂，久乃许曰，四海未定，贪孤年长，待乂年长，复子明辟。盖以己非正后所出也。然刘氏犹可谓为汉化最深者。宋书九六鲜卑吐谷浑传：浑庶长，廆正嫡。浑自称：『我是卑庶，理无并大。』是鲜卑固想严嫡庶之别，北朝当亦况此风耳。又案魏书十八元孝友传：『将相多尚公主，王侯亦娶后族，故无妾媵，习以为常。……举朝略是无妾，天下殆皆一妻……凡今之人，通无准节。父母嫁女，则教之以妒；姑姊逢迎，必相劝以忌。』又案魏书廿四崔道固传：『道固贱出，嫡母兄攸之、目连等轻侮之。……略无兄弟之礼。』又崔邪利传：『二女侮法始庶孽』。四六李訢传：『訢母贱，为诸兄所轻。』

魏书七三杨大眼传：武都氏难当之孙也，侧出。不为其宗亲顾待，颇有饥寒之切。是氏人亦区别嫡庶。

魏书八九高遵传：『遵贱出，兄矫等常欺侮之。及父亡，不令在丧位。』又一〇四序传：『收有贱生弟仲同，先未齿录』。

寵則父母被怨繼親虐則兄弟爲讎家有此者皆門戶之禍也　思魯等從舅殷外臣博達之士也有子基諶皆已成立而再娶王氏基每拜見後母感慕嗚咽不能自持家人莫忍仰視王亦悽愴不知所容旬月求退便以禮遣此亦悔事也　後漢書曰安帝時汝南薛包字孟嘗好學篤行喪母以至孝聞及父娶後妻而憎包分出之包日夜號泣不能去至被毆杖不得已廬於舍外旦入而洒掃父怒又逐之乃廬於里門昏晨不廢積歲餘父母慙而還之後行六年服喪過乎哀既而弟子求分財異居包不能止乃中分其

○见后书六十九。

見後書六十九

財奴婢引其老者曰與我共事久若不能使也甲盧取其荒頓者曰吾少時所理意所戀也器物取其朽敗者曰我素所服食身口所安也弟子數破其產還復賑給建光中公車特徵至拜侍中包性恬虛稱疾不起以死自乞有詔賜告歸也

治家篇五

夫風化者自上而行於下者也自先而施於後者也是以父不慈則子不孝兄不友則弟不恭夫不義則婦不順矣父慈而子逆兄友而弟傲夫義而婦陵則天之凶民乃刑戮之所攝非訓導之所移也笞怒廢

○当作施则奢。

於家則豎子之過立見刑罰不中則民無所措手足治家之寬猛亦猶國焉孔子曰奢則不遜儉則固與其不遜也寧固又云雖有周公之才之美使驕且吝其餘不足觀也已然則可儉而不可吝也儉者省約爲禮之謂也吝者窮急不卹之謂也今有奢則施儉則吝如能施而不奢儉而不悋可矣

生民之本要當稼穡而食桑麻以衣蔬果之畜園場之所産雞豚之善塒圈之所生爰及棟宇器械樵蘇脂燭莫非種殖之物也至能守其業者閉門而爲生之具以足但家無鹽井耳今北土風俗率能躬儉節用以贍衣食

当作施则奢

○见北史三九本传。
○宋本有。
○见梁书卅本传。

見北史三九本傳

見梁書卅本傳

江南奢侈多不逮焉　梁孝元世有中書舍人治家
失度而過嚴刻妻妾遂共貨刺客伺醉而殺之　世
間名士但務寛仁至於飲食饟饋僮僕減損施惠然
諾妻子節量狎侮賓客侵耗鄉黨此亦爲家之巨蠹
矣　齊吏部侍郎房文烈未嘗嗔怒經霖雨絶粮遣
婢糴米因爾逃竄三四許日方復擒之房徐曰舉家
無食汝何處來竟無捶撻嘗寄人宅奴婢徹屋爲薪
略盡聞之顰蹙卒無一言　裴子野有踈親故屬飢
寒不能自濟者皆收養之家素清貧時逢水旱二石
米爲薄粥僅得徧焉躬自同之常無厭色鄴下有一

宋本有

此庫狄伏連事見北齊書廿慕容儼傳

每人

領軍貪積已甚家童八百誓滿千人朝夕肴膳以十五錢爲率遇有客旅便無以兼後坐事伏法籍其家產麻鞋一屋弊衣數庫其餘財寶不可勝言南陽有人爲生奥博性殊儉吝冬至後女壻謁之乃設一銅甌酒數臠獐肉壻恨其單率一舉盡之主人愕然俛仰命益如此者再退而責其女曰某郎好酒故汝常貧及其死後諸子爭財兄遂殺弟　婦主中饋唯事酒食衣服之禮耳國不可使預政家不可使幹蠱如有聰明才智識達古今正當輔佐君子助其不足必無牝雞晨鳴以致禍也　江東婦女略無交遊其婚

宋本有

〇此库狄伏连事见北齐书廿慕容俨传。
〇宋本有。

姻之家或十數年間未相識者唯以信命贈遺致殷勤焉鄴下風俗專以婦持門戶爭訟曲直造請逢迎車乘塡街衢綺羅盈府寺代子求官爲夫訴屈此乃恒代之遺風乎南間貧素皆事外飾車乘衣服必貴齊整家人妻子不免飢寒河北人事多由內政綺羅金翠不可廢闕羸馬顇奴僅充而已唱和之禮或爾汝之　河北婦人織紝組紃之事黼黻錦繡羅綺之工大優於江東也太公曰養女太多一費也陳蕃云盜不過五女之門女之爲累亦以深矣然天生蒸民先人傳體其如之何世人多不舉女賊行骨肉豈當

〇晋书八八孝友传颜含，之推九世祖。
〇北齐书四二封述传。

晉書八八孝友傳顏含之推九世祖
北齊書四二封述傳

如此而望福於天乎吾有疏親家饒妓媵誕育將及便遣閽豎守之體有不安窺窗倚戶若生女者輒持將去母隨號泣莫敢救之使人不忍聞也　婦人之性率寵子婿而虐兒婦寵婿則兄弟之怨生焉虐婦則姊妹之讒行焉然則女之行留皆得罪於其家者母實爲之至有諺云落索阿姑飡此其相報也家之常弊可不誡哉　婚姻素對靖侯成規近世嫁娶遂有賣女納財買婦輸絹比量父祖計較錙銖責多還少市井無異或猥婿在門或傲婦擅室貪榮求利反招羞耻可不慎歟　借人典籍皆須愛護先有缺壞

〇宋本注：『一本作虫。』
〇小学引有。

就爲補治此亦士大夫百行之一也濟陽江祿讀書
未竟雖有急速必待卷束整齊然後得起故無損敗
人不厭其求假焉或有狼籍几案分散部秩多爲童
幼婢妾之所點汙風雨犬鼠之所毀傷實爲累德吾
每讀聖人之書未嘗不肅敬對之其故紙有五經詞
義及賢達姓名不敢穢用也　吾家巫覡禱請絕於
言議符書章醮亦無祈焉竝汝曹所見也勿妖妄之
費

風操篇六

吾觀禮經聖人之教箕帚匕箸咳唾唯諾執燭沃盥

宋本注一本作虫

小学引有

〇卢本。

皆有節度亦為至矣但既殘缺非復全書其有所不載及世事變改者學達君子自為節度相承行之故世號士大夫風操而家門頗有不同所見互稱長短然其阡陌亦自可知昔在江南目能視而見之耳能聽而聞之蓬生麻中不勞翰墨汝曹生於戎馬之間視聽之所不曉故聊記錄以傳示子孫　禮云見似目瞿聞名心瞿有所感觸惻愴心眼若在從容平常之地幸須申其情耳必不可避亦當忍之猶如伯叔兄弟酷類先人可得終身腸斷與之絕耶又臨文不諱廟中不諱君所無私諱蓋知聞名須有消息不必

盧本

期於顛沛而走也梁世謝舉甚有聲譽聞諱必哭為世所譏又臧逢世臧嚴之子也篤學修行不墜門風孝元經牧江州遣往建昌督事郡縣民庶競修牋書朝夕輻輳几案盈積書有稱嚴寒者必對之流涕不省取記多廢公事物情怨駭竟以不辦而還此並過事也近在揚都有一士人諱審而與沈氏交結周厚沈與其書名而不姓此非人情也凡避諱者皆須得其同訓以代換之桓公名白博有五皓之稱厲王名長琴有修短之目不聞謂布帛為布皓呼腎腸為腎修也梁武小名阿練子孫皆呼練為絹乃謂銷鍊物

梁書小字練兒

○梁书：『小字练儿。』

爲銷絹物恐乖其義或有諱雲者呼紛紜爲紛烟有諱桐者呼梧桐樹爲白鐵樹便似戲笑耳周公名子曰禽孔子名兒曰鯉止在其身自可無禁至若衛侯魏公子楚太子皆名蟣虱長卿名犬子王修名狗子上有連及理未爲通古之所行今之所笑也北土多有名兒爲驢駒豚子者使其自稱及兄弟所名亦何忍哉前漢有尹翁歸後漢有鄭翁歸梁家亦有孔翁歸又有顧翁寵晉代有許思妣孟少孤如此名字幸當避之今人避諱更急於古名子者當爲孫地吾親識中有諱襄諱友諱同諱清諱和諱禹交疏造次一

〇世语文学篇注、晋书外戚王濛传俱云王修小字苟子。

〇许思妣见世说政事篇注，孟少孤见栖逸篇注。

座百犯聞者辛苦無僇賴焉昔司馬長卿慕藺相如
故名相如顧元歎慕蔡邕故名雍而後漢有朱張字
孫卿許暹字顏回梁世有庾晏嬰祖孫登連古人姓
爲名字亦鄙事也昔劉文饒不忍罵奴爲畜產今世
愚人遂以相戲或有指名爲豚犢者有識傍觀猶欲
掩耳況名之者乎近在議曹共平章百官秩祿有一
顯貴當世名臣意嫌所議過厚齊朝有一兩士族文
學之人謂此貴曰今日天下大同須爲百代典式豈
得尚作關中舊意乎明公定是陶朱公大兒耳彼此
歡笑不以爲嫌　昔侯霸之子孫稱其祖父曰家公

〇宋本。
〇陈书二六徐陵传：『今衣冠礼乐，日富年华，何可犹作旧意，非理望也。』文苑英华六七七载陵此书，作：『何可犹作乱世意，而觅非分之官邪』。北史
二四崔休传：『诫诸子曰：「汝等宜皆一体，勿作同堂意。」』
〇宋本无。

陳思王稱其父爲家父母爲家母潘尼稱其祖曰家祖古人之所行今人之所笑也及南北風俗言其祖及二親無云家者田里猥人方有此言耳凡與人言言已世父以次第稱之不云家者以尊於父不敢家也凡言姑姊妹女子子已嫁則以夫氏稱之在室則以次第稱之言禮成他族不得云家也子孫不得稱家者輕略之也蔡邕書集呼其姑女爲家姑家姊班固書集亦云家孫今竝不行也凡與人言稱彼祖父母世父母父母及長姑皆加尊字自叔父已下則加賢字尊卑之差也王羲之書稱彼之母與自稱已母

○『及』疑『今』。

及疑今

〇宋本有。

〇卢本有，宋本注：『一本无此十字』。

同不云尊字今所非也　南人冬至歲首不詣喪家
若不修書則過節束帶以申慰北人至歲之日重行
弔禮禮無明文則吾不取南人賓至不迎相見捧手
而不揖送客下席而已北人迎送並至門相見則揖
古之道也吾善其迎揖　昔者王侯自稱孤寡不穀
自茲以降雖孔子聖師與門人言皆稱名也後雖有
臣僕之稱行者蓋亦寡焉江南輕重各有謂號具諸
書儀北人多稱名者乃古之遺風吾善其稱名焉
言及先人理當感慕古者之所易今人之所難江南
事不獲已乃陳文墨憘憘無言者須言閥閱必以文

宋本有

盧本有　宋本注一本無此十字

○盧本。
○盧本有。

翰罕有面論者此人無何便爾話説及相訪問如此之事不可加於人也人加諸己則當避之名位未高如爲勳貴所逼隱忍方便速報取了勿取煩重感辱祖父若没言須及者則斂容肅坐稱大門中世父叔父則稱從兄弟門中兄弟則稱亾者子某門中各以其尊卑輕重爲容色之節皆變於常若與君言雖變於色猶云亾祖亾伯亾叔也吾見名士亦有呼其亾兄弟爲兄子弟子門中者亦未爲安帖也北土都不行此太山羊偘梁初入南吾近至鄴其兄子肅訪偘委曲吾荅之云卿從門中在梁如此如此肅曰是我

顏氏家訓卷二　五

親第七亡叔非從也祖孝徵在坐先知江南風俗乃謂之云賢從弟門中何故不解古人皆呼伯父叔父而今世多單呼伯叔從兄弟姊妹已孤而對其前呼其母為伯叔母此不可避者也兄弟之子已孤與他人言對孤者前呼為兄子弟子頗為不忍北土多呼為姪案爾雅喪服經左傳姪名雖通男女並是對姑之稱晉世已來始呼叔姪今呼為姪於理為勝也別易會難古人所重江南餞送下泣言離有王子侯梁武帝弟出為東郡與武帝別帝曰我年已老與汝分張甚心惻愴數行淚下侯遂密雲赧然而出坐此被

〇卢本有。

〇世说方正篇：周谟出为晋陵，颉、嵩往别。谟涕泗不止，嵩恚曰：『斯人乃妇女，与人别惟啼泣。』便舍去。颉独留言话，临别流涕。知黄门所记盖江南末年风习。

責飄颻舟渚一百許日卒不得去北間風俗不屑此
事歧路言離歡笑分首然人性自有少涕淚者腸雖
欲絶目猶爛然如此之人不可強責　凡親屬名稱
皆須粉墨不可濫也無風教者其父已孤呼外祖父
母與祖父母同使人爲其不喜聞也雖質於面皆當
加外以別之父母之世叔父皆當加其次第以別之
父母之世叔母皆當加其姓以別之父母之羣從世
叔父母及從祖父母皆當加其爵位若姓以別之河
北士人皆呼外祖父母爲家公家母江南田里間亦
言之以家代外非吾所識凡宗親世數有從父有從

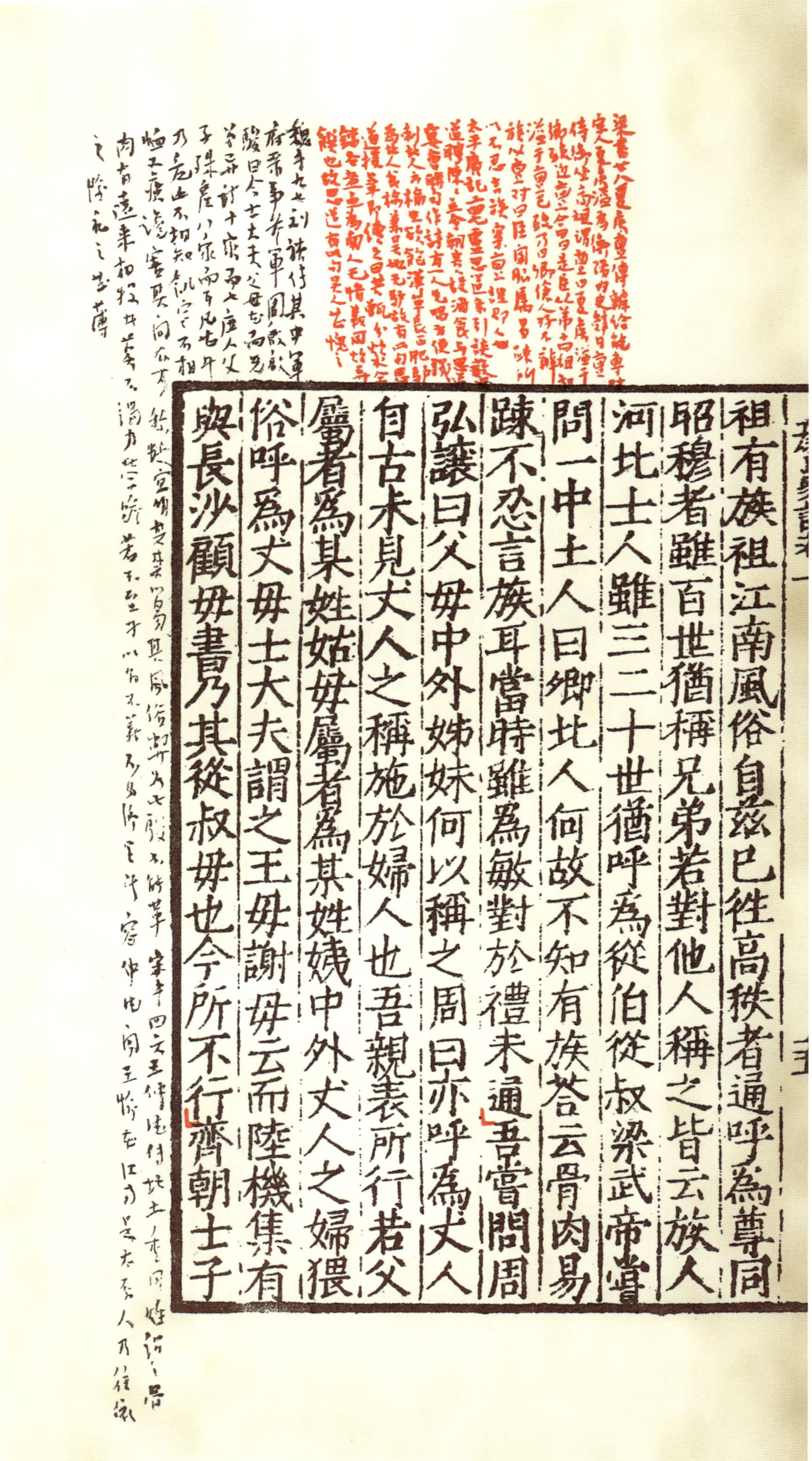
顏氏家訓卷一

祖有族祖江南風俗自兹已往高秩者通呼爲尊同昭穆者雖百世猶稱兄弟若對他人稱之皆云族人河北士人雖三二十世猶呼爲從伯從叔梁武帝嘗問一中土人曰卿北人何故不知有族答云骨肉易疎不忍言族耳當時雖爲敏對於禮未通吾嘗問周弘讓曰父母中外姊妹何以稱之周曰亦呼爲丈人自古未見丈人之稱施於婦人也吾親表所行若父屬者爲某姓姑母屬者爲某姓姨中外丈人之婦猥俗呼爲丈母士大夫謂之王母謝母云而陸機集有與長沙顧母書乃其從叔母也今所不行齊朝士子

○梁书廿八夏侯亶传：『辨给能专对，宗人夏侯溢为衡阳内史，辞日，亶侍御坐。高祖谓亶曰：「夏侯溢于卿疏近？」亶答曰：「是臣从弟。」高祖知溢于亶已疏，乃曰：「卿伧人，好不辨族从。」亶对曰：「臣闻服属易疏，所以不忍言族。」』案：亶，谯郡人也。

太平广记二四七卢思道条引谈薮：『思道聘陈，陈主令朝贵人设酒食，与思道宴会，联句作诗。有一人先唱，方便讥刺北人云：「榆生欲饱汉，草长正肥驴。」为北人食榆，兼吴地无驴，故有此句。思道援笔即续之曰：「共甑分炊水，仝铛各煮鱼。」为南人无情义，同炊异馔也，故思道有此句。吴人甚愧之。』

○魏书九七刘裕传：『其中军府录事参军周殷启骏曰：「今士大夫父母在而兄弟异计，十家而七，庶人父子殊产，八家而五。凡甚者乃危亡不相知，饥寒不相恤，又疾谗害其间，不可称数。宜明其禁，以易其风。」俗弊如此，骏不能革。』宋书四六王仲德传：『北土重同姓，谓之骨肉，有远来相投者，莫不竭力营赡。若不至者，以为不义，不为乡里所容。仲德闻王愉在江南，是太原人，乃往依之，愉礼之甚薄。』

魏書七一裴植傳植雖自州送祿奉母及贍諸弟而各別資財同居異爨一門數灶盖亦染江南之俗也

皆呼祖僕射爲祖公全不嫌有所涉也乃有對面以
相戲者　古者名以正體字以表德名終則諱之字
乃可以爲孫氏孔子弟子記事者皆稱仲尼呂后微
時嘗字高祖爲季至漢袁種字其叔父曰絲王丹與
侯霸子語字霸爲君望江南至今不諱字也河北士
人全不辨之名亦呼爲字字固因呼爲字尚書王元
景兄弟皆號名人其父名雲字羅漢一皆諱之其餘
不足怪也　禮閒傳云斬縗之哭若往而不反齊縗
之哭若往而反大功之哭三哭而哀小功緦麻哀容
可也此哀之發於聲音也孝經云哭不哀皆論哭有

因疑衍

○魏书七一裴植传：『植虽自州送禄奉母及赡诸弟，而各别资财，同居异爨，一门数灶，盖亦染江南之俗也。』

○『因』疑衍。

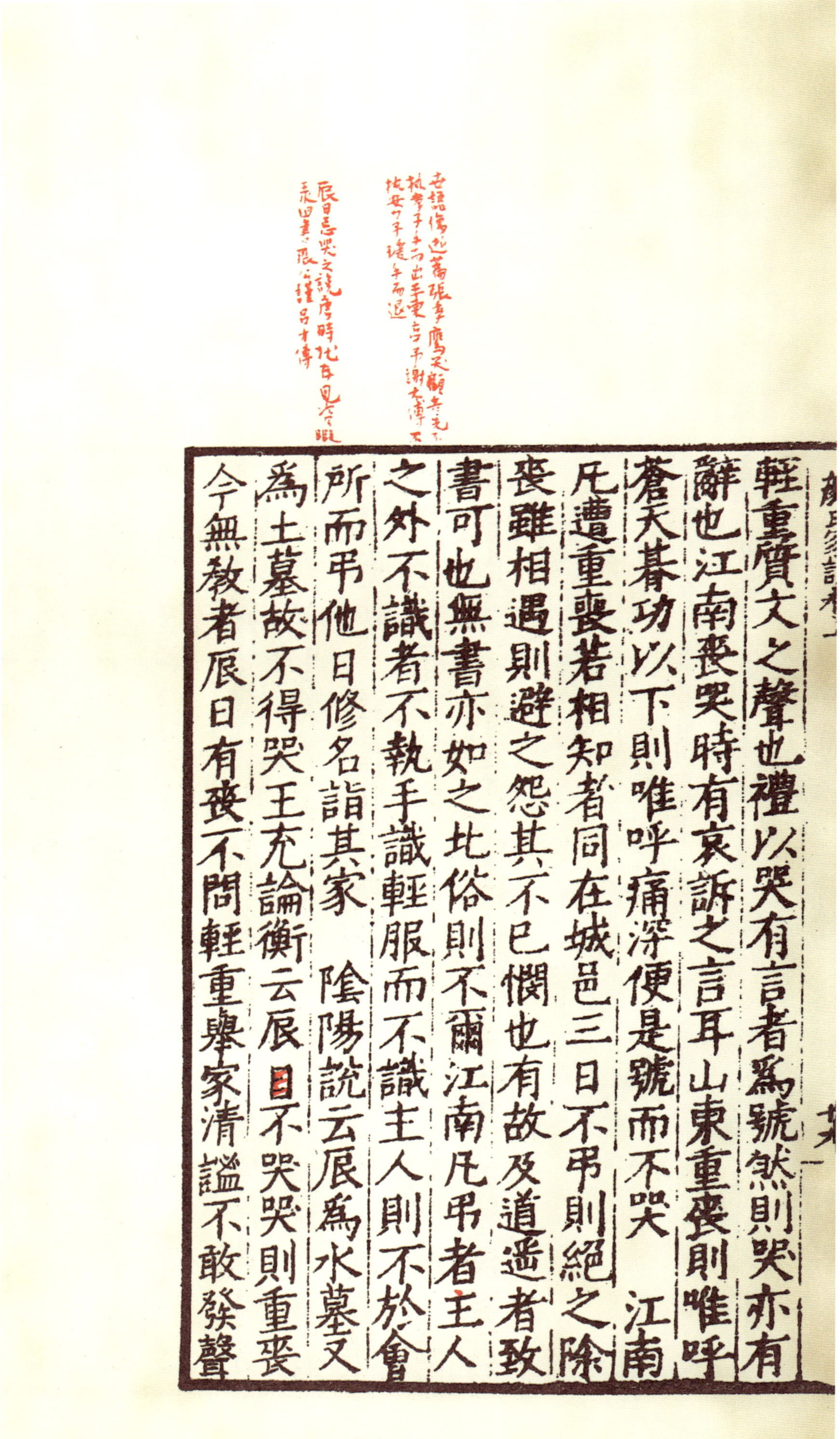

世語傷逝篇張季鷹哭顧彥先不執孝子手而出王東亭弔謝太傅不執安少子瑗手而退

辰日忌哭之說唐時猶存見資暇錄舊書張公謹呂才傳

顏氏家訓卷二

輕重質文之聲也禮以哭有言者爲號然則哭亦有
辭也江南喪哭時有哀訴之言耳山東重喪則唯呼
蒼天朞功以下則唯呼痛深便是號而不哭　江南
凡遭重喪若相知者同在城邑三日不弔則絕之除
喪雖相遇則避之怨其不已憫也有故及道遥者致
書可也無書亦如之北俗則不爾江南凡弔者主人
之外不識者不執手識輕服而不識主人則不於會
所而弔他日修名詣其家　陰陽說云辰爲水墓又
爲土墓故不得哭王充論衡云辰日不哭哭則重喪
今無教者辰日有喪不問輕重舉家清謐不敢發聲

〇世语伤逝篇：张季鹰哭顾彦先，不执孝子手而出。王东亭吊谢太傅，不执安少子瑗手而退。

〇辰日忌哭之说，唐时犹存，见资暇录、旧书张公谨吕才传。

○章断注连。

章斷注連

以辭弔客道書又曰晦歌朔哭皆當有罪天奪之算喪家朔望哀感彌深寧當惜壽又不哭也亦不諭偏傍之書死有歸殺子孫逃竄莫肯在家畫瓦書符作諸猒勝喪出之日門前然火戸外列灰祓送家鬼章斷注連凡如此比不近有情乃儒雅之罪人彈議所當加也　己孤而履歳及長至之節無父拜母祖父母世叔父母姑兄姊則皆泣無母拜父外祖父母舅姨兄姊亦如之此人情也　江左朝臣子孫初釋服朝見二宫皆當泣涕二宫爲之改容頗有膚色充澤無哀感者梁武薄其爲人多被抑退裴政出服問

訊武帝貶瘦枯槁涕泗滂沱武帝目送之曰裴之禮
不死也　二親既殁所居齋寢子與婦弗忍入焉北
朝頓丘李構母劉氏夫人亡後所住之堂終身鏁閉
弗忍開入也夫人宋廣州刺史纂之孫女故構猶染
江南風教其父奨爲揚州刺史鎮壽春遇害構嘗與
王松年祖孝徵數人同集談讌孝徵善畫遇有紙筆
圖寫爲人頃之因割鹿尾戲截畫人以示構而無他
意構愴然動色便起就馬而去舉坐驚駭莫測其情
祖君尋悟方深反側當時罕有能感此者吳郡陸襄
父閑被刑襄終身布衣蔬飯雖薑菜有切割皆不忍

食居家唯以掐摘供厨江陵姚子篤母以燒死終身不忍噉炙豫章熊康父以醉而爲奴所殺終身不復嘗酒然禮緣人情恩由義斷親以噎死亦當不可絕食

禮經父之遺書母之杯圈感其手口之澤不忍讀用政爲常所講習讎校繕寫及偏加服用有迹可思者耳若尋常墳典爲生什物安可悉廢之乎既不讀用無容散逸唯當緘保以留後世耳思魯等第四舅母親吳郡張建女也有第五妹三歲喪母靈牀上屏風平生舊物屋漏沾濕出曝曬之女子一見伏牀流涕家人恠其不起乃往抱持薦席淹漬精神傷沮

○卢本。

不能飲食將以問醫醫診脉云腸斷矣因爾便吐血數日而亡中外憐之莫不悲歎　禮云忌日不樂正以感慕罔極惻愴無聊故不接外賓不理衆務耳必能悲慘自居何限於深藏也世人或端坐奧室不妨言笑盛營甘美厚供齋食迫有急卒密戚至交盡無相見之理蓋不知禮意乎魏世王脩母以社日亡來歲社脩感念哀甚鄰里聞之為之罷社今二親喪亡偶值伏臘分至之節及月小晦後忌之外所經此日猶應感慕異於餘辰不預飲讌聞聲樂及行遊也劉縚緩綏兄弟並為名器其父名昭一生不為照字

盧本

唯依爾雅火傍作召耳然凡文與正諱相犯當自可避其有同音異字不可悉然劉字之下即有昭音呂尚之兒如不為上趙壹之子儻不作一便是下筆即妨是書皆觸也嘗有甲設讌席請乙為賓而旦於公庭見乙之子問之曰尊侯早晚顧宅乙子稱其父已往時以為笑如此比例觸類慎之不可陷於輕脫

江南風俗兒生一朞為製新衣盥浴裝飾男則用弓矢紙筆女則刀尺鍼縷並加飲食之物及珍寶服玩置之兒前觀其發意所取以驗貪廉愚智名之為試兒親表聚集致讌享焉自茲已後二親若在每至此

顏氏家訓卷上　十九

○卢本。

○早晚问词，洛阳伽蓝记：『未知早晚造。』又杜甫江雨有怀郑典设诗、李白长干行，见刘盼遂札记。

梁书四七吉玢传：天监初，父为吴兴原乡令，逮诣廷狱。蔡法度曰：『主上知尊侯无罪，得当释亮。』是对人父之尊称，不必官高位重或定是侯爵也。搜神记：吴兴一人有二男，一师过其家，语二儿云：『君尊侯有大邪气。』儿白父。是田里野人之父亦得称之。

北齐书十二琅玡王俨传：『俨以和士开、骆提婆等奢恣，盛修第宅，意甚不平，尝谓曰：「君等所营宅早晚当就？何太迟也。」』此早晚亦问词。唐太宗诏王远知曰：『未知先生早晚至江外，初舍何当就功。』亦是问词。何当就，何时也。桂氏札朴六谓『何当，当也。』，非。

六朝人第二人称之尊侯，亦

曰明侯。魏书七八张普惠传：『时中山庄弼遗书普惠曰：「明侯渊儒硕学，身负大才。」』

〇宋本。

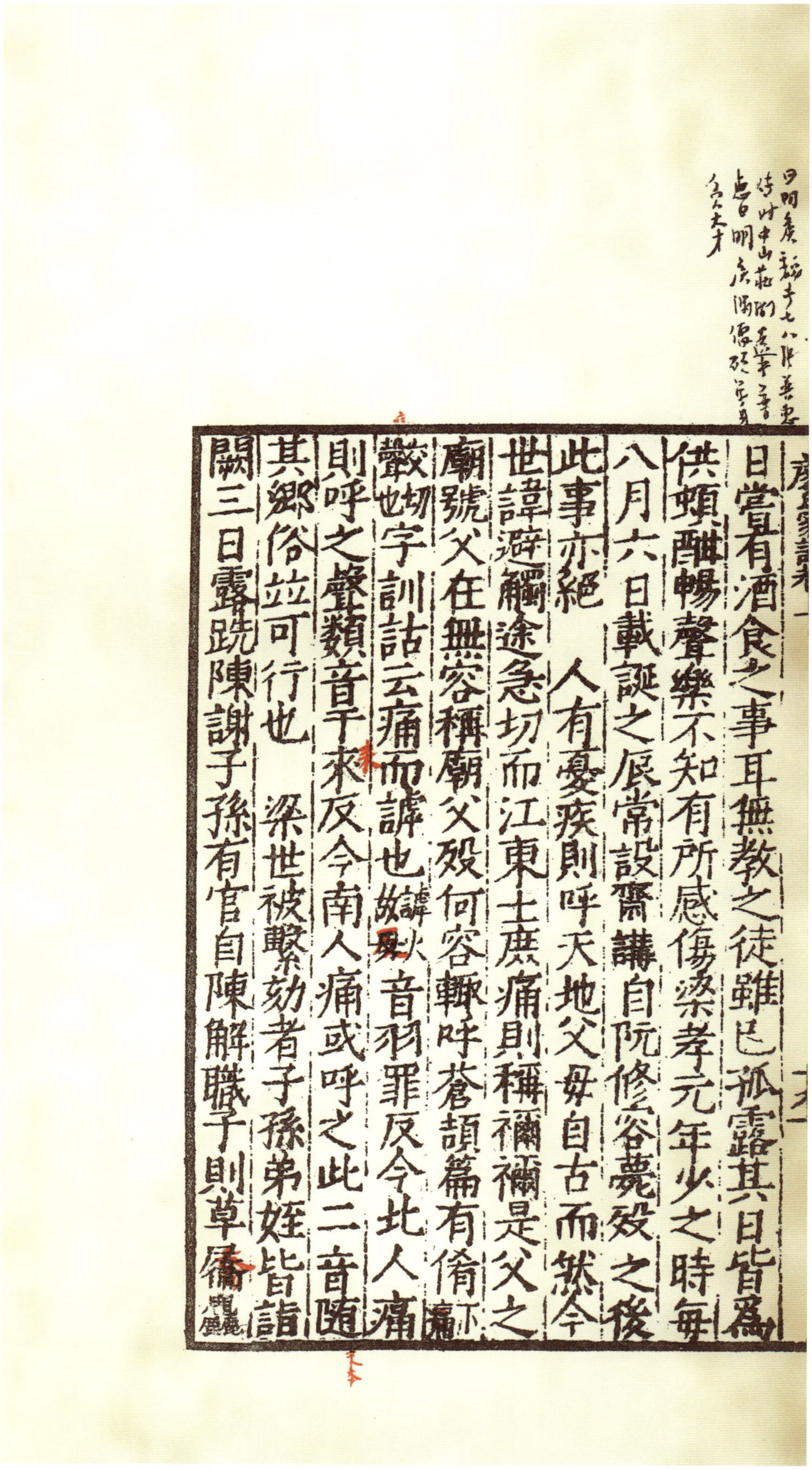
曰明侯 魏书七八张普惠传时中山庄弼遗书普惠曰明侯渊儒硕学身负大才

日嘗有酒食之事耳無教之徒雖已孤露其日皆爲供頓酣暢聲樂不知有所感傷梁孝元年少之時每八月六日載誕之辰常設齋講自阮修容薨殁之後此事亦絕　人有憂疾則呼天地父母自古而然今世諱避觸途急切而江東士庶痛則稱禰禰是父之廟號父在無容稱廟父殁何容輒呼蒼頡篇有倄下痛字訓詁云痛而謼也謼火故反音羽罪反今北人痛則呼之聲類音于來反今南人痛或呼之此二音隨其鄉俗竝可行也　梁世被繫劾者子孫弟姪皆詣闕三日露跣陳謝子孫有官自陳解職子則草屩

衣蓬頭垢面周章道路要候執事叩頭流血申訴冤枉若配徒隸諸子竝立草菴於所署門不敢寧宅動經旬日官司驅遣然後始退江南諸憲司彈人事事雖不重而以教義見辱者或被輕繫而身死獄戶者皆為怨讐子孫三世不交通矣到洽為御史中丞初欲彈劉孝綽其兄溉先與劉善苦諫不得乃詣劉涕泣告別而去　兵凶戰危非安全之道古者天子喪服以臨師將軍鑿凶門而出父祖伯叔若在軍陣貶損自居不宜奏樂讌會及婚冠吉慶事也若居圍城之中憔悴容色除去飾玩常為臨深履薄之狀焉父母

疾篤醫雖賤雖少則涕泣而拜之以求哀也梁孝元在江州嘗有不豫世子方等親拜中兵參軍李猷

四海之人結爲兄弟亦何容易必有志均義敵令終如始者方可議之一爾之後命子拜伏呼爲丈人申父友之敬身事彼親亦宜加禮比見北人甚輕此節行路相逢便定昆季望年觀貌不擇是非至有結父爲兄託子爲弟者

昔者周公一沐三握髮一飯三吐餐以接白屋之士一日所見七十餘人晉文公以沐辭豎頭須致有圖反之誚門不停賓古所貴也失教之家閽寺無禮或以主君寢食嗔怒拒客未通江

南溪以爲恥黃門侍郎裴之禮號善爲士大夫有如此輩對賓杖之其門生僮僕接於他人折旋俯仰辭色應對莫不肅敬與主無別也

慕賢篇七

古人云千載一聖猶旦暮也五百年一賢猶比髆也言聖賢之難得疏闊如此儻遭不世明達君子安可不攀附景仰之乎吾生於亂世長於戎馬流離播越聞見已多所値名賢未嘗不心醉魂迷向慕之也人在少年神情未定所與款狎熏漬陶染言笑舉動無心於學潛移暗化自然似之何況操履藝能較明易

習者也是以與善人居如入芝蘭之室久而自芳也與惡人居如入鮑魚之肆久而自臭也墨翟悲於染絲是之謂矣君子必慎交遊焉孔子曰無友不如己者顏閔之徒何可世得但優於我便足貴之世人多蔽貴耳賤目重遥輕近少長周旋如有賢哲每相狎侮不加禮敬他鄉異縣微藉風聲延頸企踵甚於飢渴校長短覈精麤或彼不能如此矣所以魯人謂孔子爲東家丘昔虞國宫之奇少長於君君狎之不納其諫以至亾國不可不留心也用其言棄其身古人所耻凡有一言一行取於人者皆顯稱之不可竊人

〇金楼子 著书篇：觇撰梦书一秩，十卷。日本见在书目有丁觇注千字文。

金樓子著書篇覘撰夢書一袟十卷日本見在書目有丁覘注千字文

之美以爲已力雖輕雖賤者必歸功焉竊人之財刑辟之所處竊人之美鬼神之所責梁孝元前在荆州有丁覘者洪亭民耳頗善屬文殊工草隸孝元書記一皆使之軍府輕賤多未之重耻令子弟以爲楷法時云丁君十紙不敵王褒數字吾雅愛其手迹常所寶持孝元嘗遣典籤惠編送文章示蕭祭酒祭酒問云君王比賜書翰及寫詩筆殊爲佳手姓名爲誰那得都無聲問編以實荅子雲歎曰此人後生無比遂不爲世所稱亦是奇事於是聞者少復刮目稍仕至尚書儀曹郎末爲晉安王侍讀隨王東下及西臺陷

殁簡牘湮散丁亦尋卒於揚州前所輕者後思一紙不可得矣侯景初入建業臺門雖閉公私草擾各不自全太子左衛率羊侃坐東掖門部分經略一宿皆辦遂得百餘日抗拒兇逆于時城内四萬許人王公朝士不下一百便是恃侃一人安之其相去如此古人云巢父許由讓於天下市道小人爭一錢之利亦已懸矣　齊文宣帝即位數年便沈湎縱恣略無綱紀尚能委政尚書令楊遵彦内外清謐朝野晏如各得其所物無異議終天保之朝遵彦後爲孝昭所戮刑政於是衰矣斛律明月齊朝折衝之臣無罪被誅

将士解體周人始有吞齊之志關中至今譽之此人用兵豈止萬夫之望而已也國之存亾係其生死張延雋之爲晋州行臺左丞匡維主将鎮撫疆埸儲積器用愛活黎民隱若敵國矣群小不得行志同力遷之既代之後公私擾亂周師一舉此鎮先平齊亾之迹啓於是矣

勉學第八

自古明王聖帝猶須勤學况凡庶乎此事遍於經史吾亦不能鄭重聊舉近世切要以啓寤汝耳士大夫子弟數歲已上莫不被教多者或至禮傳少者不失

○北齐书四三许惇传。

北齊書四三許惇傳

詩論及至冠婚體性稍定因此天機倍須訓誘有志
尚者遂能磨礪以就素業無履立者自茲墮慢便爲
凡人人生在世會當有業農民則計量耕稼商賈則
討論貨賄工巧則致精器用伎藝則沈思法術武夫
則慣習弓馬文士則講議經書多見士大夫恥涉農
商羞務工伎射既不能穿札筆則纔記姓名飽食醉
酒忽忽無事以此銷日以此終年或因家世餘緒得
一階半級便謂爲足安能自苦及有吉凶大事議論
得失蒙然張口如坐雲霧公私宴集談古賦詩塞默
低頭欠伸而已有識傍觀代其入地何惜數年勤學

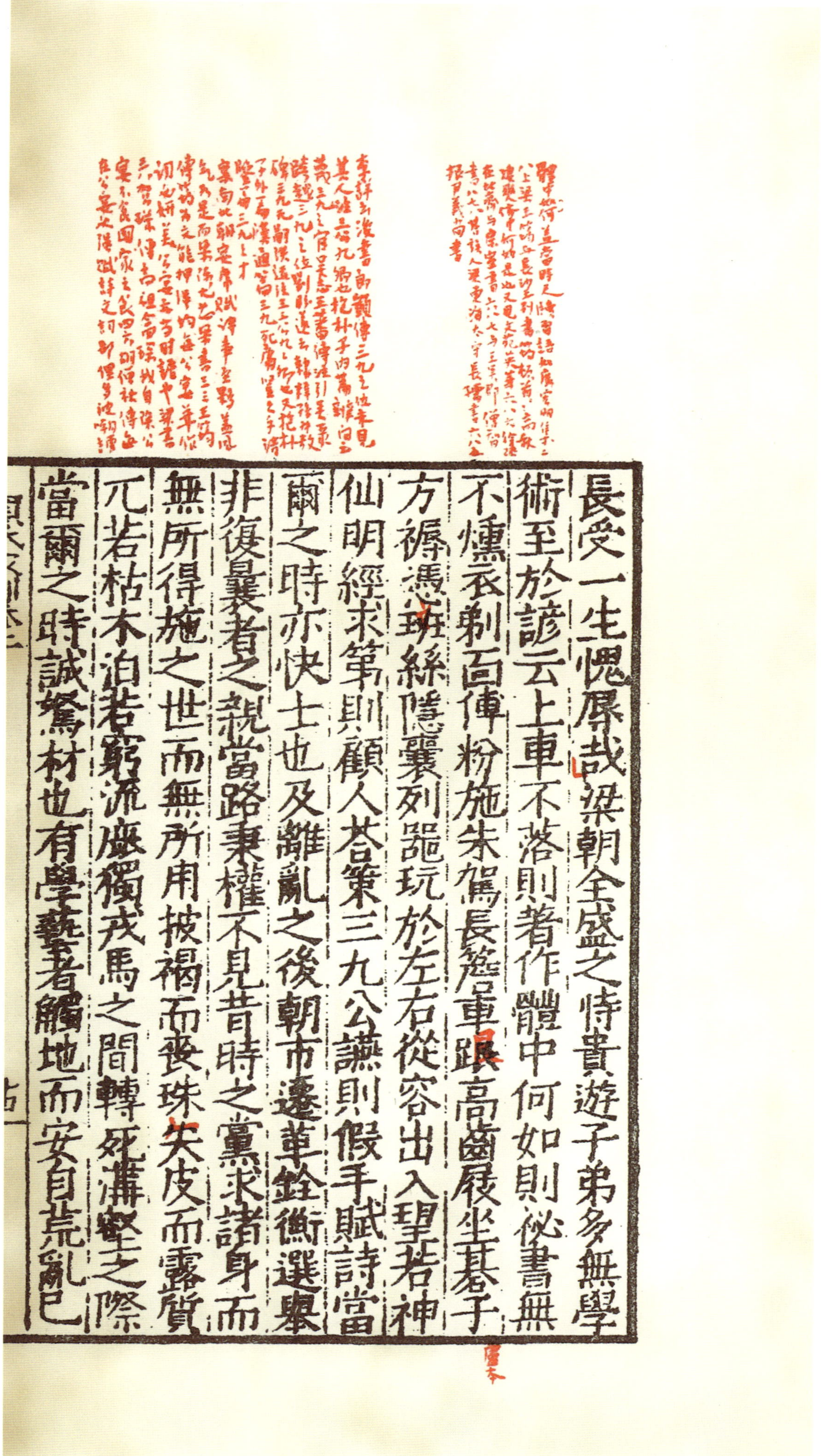
長受一生愧辱哉梁朝全盛之時貴遊子弟多無學
術至於諺云上車不落則著作體中何如則祕書無
不燻衣剃面傅粉施朱駕長簷車跟高齒屐坐棊子
方褥憑斑絲隱囊列器玩於左右從容出入望若神
仙明經求第則顧人答策三九公讌則假手賦詩當
爾之時亦快士也及離亂之後朝市遷革銓衡選舉
非復曩者之親當路秉權不見昔時之黨求諸身而
無所得施之世而無所用被褐而喪珠失皮而露質
兀若枯木泊若窮流鹿獨戎馬之間轉死溝壑之際
當爾之時誠駑材也有學藝者觸地而安自荒亂已

○『体中如何』盖当时尺牍习语，如广宏明集二八上梁王筠与长沙王别书：『筠顿首：「高秋凄爽，体中何如。」』是也。又见文苑英华六八六徐陵在北齐与宗室书、六八七与王吴郡僧智书、八七八答族人梁东海太守长孺书、六八五报尹义尚书。

○卢本。

○李详云：『后书郎顗传：「三九之位，未见其人」注：「三公九卿也」。抱朴子内篇辨问云：「莨三九之官。」吴志王蕃传注引吴录：「跨越三九之位。」』刘盼遂云：『隶释孙叔敖碑：「三九无嗣。」洪适注：「三，三公；九，九卿也。」又抱朴子外篇汉过篇：「三九死庸竖之手。」清鉴篇：「三九之才。」』

○案南北朝宴席赋诗事至夥，盖风气如是，而梁、陈尤甚。梁书三三王筠传：『筠为文能押强韵，每公宴并作，词必妍美。』『公宴』亦当时语也。梁书三八贺琛传：高祖令回琛：『我自除公宴，不食国家之食。』四六胡僧祐传：『每在公宴，必强赋诗，文词鄙俚，多被嘲谑。』

來諸見俘虜雖百世小人知讀論語孝經者尚爲人師雖千載冠冕不曉書記者莫不耕田養馬以此觀之安可不自勉耶若能常保數百卷書千載終不爲小人也夫明六經之指涉百家之書縱不能增益德行敦厲風俗猶爲一藝得以自資父兄不可常依鄉國不可常保一旦流離無人庇廕當自求諸身耳諺曰積財千萬不如薄伎在身伎之易習而可貴者無過讀書也世人不問愚智皆欲識人之多見事之廣而不肯讀書是猶求飽而懶營饌欲暖而惰裁衣也夫讀書之人自羲農已來宇宙之下凡識幾人凡見

幾事生民之成敗好惡固不足論天地所不能藏鬼神所不能隱也有客難主人曰吾見強弩長戟誅罪安民以取公侯者有矣文義習吏匡時富國以取卿相者有矣學備古今才兼文武身無祿位妻子飢寒者不可勝數安足貴學乎主人對曰夫命之窮達猶金玉木石也脩以學藝猶磨瑩雕刻也金玉之磨瑩自美其鑛璞木石之段塊自醜其雕刻安可言木石之雕刻乃勝金玉之鑛璞哉不得以有學之貧賤比於無學之富貴也且負甲為兵咋筆為吏身死名滅者如牛毛角立傑出者如芝草握素披黃吟道詠德

苦辛無益者如日蝕逸樂名利者如秋荼豈得同年
而語矣且又聞之生而知之者上學而知之者次所
以學者欲其多知明達耳必有天才拔群出類爲將
則闇與孫武吳起同術執政則懸得管仲子産之教
雖未讀書吾亦謂之學矣今子即不能然不師古之
蹤跡猶蒙被而卧耳人見隣里親戚有佳快者使子
弟慕而學之不知使學古人何其蔽也哉世人但知
跨馬被甲長矟強弓便云我能爲將不知明乎天道
辨乎地利比量逆順鑒達興亡之妙也但知承上接
下積財聚穀便云我能爲相不知敬鬼事神移風易

○卢本。

俗調節陰陽薦舉賢聖之至也但知私財不入公事
夙辦便云我能治民不知誠已刑物執轡生組反風
滅火化鴟爲鳳之術也但知抱令守律早刑晚舍便
云我能平獄不知同轅觀罪分劍追財假言而姦露
不問而情得之察也爰及農商工賈廝役奴隸釣魚
屠肉飯牛牧羊皆有先達可爲師表博學求之無不
利於事也夫所以讀書學問本欲開心明目利於行
耳未知養親者欲其觀古人之先意承顏怡聲下氣
不憚劬勞以致甘腝惕然慙懼起而行之也未知事
君者欲其觀古人之守職無侵見危授命不忘誠諫

盧本

以利社稷惻然自念思欲効之也素驕奢者欲其觀
古人之恭儉節用卑以自牧禮爲教本敬者身基瞿
然自失斂容抑志也素鄙悋者欲其觀古人之貴義
輕財少私寡慾忌盈惡滿賙窮卹匱赧然悔耻積而
能散也素暴悍者欲其觀古人之小心黜己齒弊舌
存含垢藏疾尊賢容衆苶然沮喪若不勝衣也素怯
懦者欲觀古人之達生委命强毅正直立言必信求
福不回勃然奮厲不可恐懾也歷茲以往百行皆然
縱不能淳去泰去甚學之所知施無不達世人讀書
者但能言之不能行之忠孝無聞仁義不足加以斷

一條訟不必得其理宰千戶縣不必理其民問其造屋不必知楣橫而梲竪也問其爲田不必知稷早而黍穉也吟嘯談謔諷詠辭賦事既優閑材增迂誕軍國經綸略無施用故爲武人俗吏所共嗤詆良由是乎夫學者所以求益爾見人讀數十卷書便自高大凌忽長者輕慢同列人疾之如讎敵惡之如鴟梟如此以學自損不如無學也古之學者爲己以補不足也今之學者爲人但能說之也古之學者爲人行道以利世也今之學者爲己脩身以求進也夫學者猶種樹也春玩其華秋登其實講論文章春華也脩身

利行秋實也人生小幼精神專利長成已後思慮散逸固須早教勿失機也吾七歲時誦靈光殿賦至于今日十年一理猶不遺忘二十之外所誦經書一月廢置便至荒蕪矣然人有坎壈失於盛年猶當晚學不可自棄孔子云五十以學易可以無大過矣魏武袁遺老而彌篤此皆少學而至老不倦也曾子七十乃學名聞天下荀卿五十始來遊學猶為碩儒公孫弘四十餘方讀春秋以此遂登丞相朱雲亦四十始學易論語皇甫謐二十始授孝經論語皆終成大儒此並早迷而晚寤也世人婚冠未學便稱遲暮因循

面墻亦為愚爾幼而學者如日出之光老而學者如秉燭夜行猶賢乎瞑目而無見者也學之興廢隨世輕重漢時賢俊皆以一經弘聖人之道上明天時下該人事用此致卿相者多矣末俗已來不復爾空守章句但誦師言施之世務殆無一可故士大夫子弟皆以博涉為貴不肯專儒梁朝皇孫已下總丱之年必先入學觀其志尚出身已後便從文吏略無卒業者冠冕為此者則有何胤劉瓛明山賓周捨朱异周弘正賀琛賀革蕭子政劉縚等兼通文史不徒講說也洛陽亦聞崔浩張偉劉芳鄴下又見邢子才四儒

者雖好經術亦以才博擅名如此諸賢故爲上品以外率多田里閒人音辭鄙陋風操蚩拙相與專固無所堪能問一言輒酬數百責其指歸或無要會鄴下諺云博士買驢書券三紙未有驢字使汝以此爲師令人氣塞孔子曰學也祿在其中矣今勤無益之事恐非業也夫聖人之書所以設教但明練經文粗通注義常使言行有得亦足爲人何必仲尼居即須兩紙疏義燕寢講堂亦復何在以此得勝寧有益乎光陰可惜譬諸逝水當博覽機要以濟功業必能兼美吾無間焉俗間儒士不涉群書經緯之外義疏而已

吾初入鄴與博陵崔文彥交遊嘗說王粲集中難鄭玄尚書事崔轉爲諸儒道之始將發口懸見排蹙云文集止有詩賦銘誄豈當論經書事乎且先儒之中未聞有王粲也崔笑而退竟不以粲集示之魏收之在議曹與諸博士議宗廟事引據漢書博士笑曰未聞漢書得證經術魏便忿怒都不復言取韋玄成傳擲之而起博士一夜共披尋之達明乃來謝曰不謂玄成如此學也　夫老莊之書蓋全真養性不肯以物累已也故藏名柱史終蹈流沙匿跡漆園卒辭楚相此任縱之徒耳何晏王弼祖述玄宗遞相誇尚景

○晋书涛传言其贞慎俭约，无蓄积取讥事。刘盼遂谓乃王濬冲之误。

晋書濤傳言其貞慎儉約无蓄積取譏事劉盼遂謂乃王濬冲之誤

附草靡皆以農黄之化在乎巳身周孔之業棄之度外而平叔以黨曹爽見誅觸死權之網也輔嗣以多笑人被疾陷好勝之穽也山巨源以蓄積取譏背多藏厚亡之文也夏侯玄以才望被戮無支離擁腫之鑒也荀奉倩喪妻神傷而卒非鼓缶之情也王夷甫悼子悲不自勝異東門之達也嵇叔夜排俗取禍豈和光同塵之流也郭子玄以傾動專勢寧後身外巳之風也阮嗣宗沈酒荒迷乖畏途相誡之譬也謝幼輿贓賄黜削違棄其餘魚之旨也彼諸人者並其領袖玄宗所歸其餘桎梏塵滓之中顛仆名利之下者

豈可備言乎直取其清談雅論剖玄析微賓主往復
娛心悅耳非濟世成俗之要也洎于梁世茲風復闡
莊老周易總謂三玄武皇簡文躬自講論周弘正奉
贊大猷化行都邑學徒千餘實爲盛美元帝在江荊
間復所愛習召置學生親爲教授廢寢忘食以夜繼
朝至乃倦劇愁憤輒以講自釋吾時頗預末筵親承
音指性既頑魯亦所不好云　齊孝昭帝侍婁太后
疾容色顦顇服膳減損徐之才爲炙兩穴帝握拳代
痛爪入掌心血流滿手后既痊愈帝尋疾崩遺詔恨
不見太后山陵之事其天性至孝如彼不識忌諱如

此良由無學所爲若見古人之譏欲毋早死而悲哭之則不發此言也孝爲百行之首猶須學以修飾之況餘事乎　梁元帝嘗爲吾說昔在會稽年始十二便以好學時又患疥手不得拳膝不得屈閑齋張葛幃避蠅獨坐銀甌貯山陰甜酒時復進之以自寬痛率意自讀史書一日二十卷既未師受或不識一字或不解一語要自重之不知猒倦帝子之尊童稚之逸尚能如此況其庶士冀以自達者哉古人勤學有握錐投斧照雪聚螢鋤則帶經牧則編簡亦爲勤篤梁世彭城劉綺交州刺史勃之孫早孤家貧燈燭難

辦常嘗荻尺寸折之燃明夜讀孝元初出會稽精選
寮寀綺以才華爲國常侍兼記室殊蒙禮遇終於金
紫光禄義陽朱詹世居江陵後出楊都好學家貧無
資累日不爨乃時吞紙以實腹寒無氈被抱犬而臥
犬亦饑虛起行盜食呼之不至哀聲動鄰猶不廢業
卒成學士官至鎮南録事叅軍爲孝元所禮此乃不
可爲之事亦是勤學之一人東莞臧逢世年二十餘
欲讀班固漢書苦假借不久乃就姊夫劉緩乞丐客
刺書翰紙末手寫一本軍府服其志尚卒以漢書聞
齊有宦者内叅田鵬鸞本蠻人也年十四五初爲閽

寺使知好學懷袖握書曉夕諷誦所居卑末使役苦辛時伺閒隙周章詢請每至文林館氣喘汗流問書之外不暇他語及覩古人節義之事未嘗不感激沈吟久之吾甚憐愛倍加開獎後被賞遇賜名敬宣位至侍中開府後主之奔青州遣其西出參伺動靜爲周軍所獲問齊王何在紿云已去計當出境疑其不信歐捶服之每折一支辭色愈厲竟斷四體而卒蠻夷童丱猶能以學成忠齊之將相比敬宣之奴不若也

鄴平之後見徙入關思魯嘗謂吾曰朝無祿位家無積財當肆筋力以申供養每被課篤勤勞經史

未知爲子可得安乎吾命之曰子當以養爲心父當以學爲教使汝棄學徇財豈吾衣食之安得甘衣之安得暖若務先王之道紹家世之業藜羹緼褐我自欲之　書曰好問則裕禮云獨學而無友則孤陋而寡聞蓋須切磋相起明也見有閉門讀書師心自是稠人廣坐謬誤羞慙者多矣穀梁傳稱公子友與莒拏相搏左右呼曰孟勞孟勞者魯之寶刀名亦見廣雅近在齊時有姜仲岳謂公子左右姓孟名勞多力之人爲國所寶與吾苦諍時清河郡守邢峙當世碩儒助吾證之赧然而伏又三輔決錄云靈帝殿柱

○御览四九引盛弘之荆州记：『酉阳县芋山，有蹲鸱如两斛大，食之终身能不饥。』水经江水注：『蹲鸱，即芋也。所谓下有蹲鸱，至老不饥。』

○金楼子杂记篇：王翼呼羊肉为蹲鸱。唐朱揆谐谑录亦载类似之事。

御覽四九引盛弘之荆州記酉陽縣芋山有蹲鴟如兩斛大食之終身能不飢水經江水注蹲鴟即芋也所謂下有蹲鴟至老不飢

金樓子雜記篇王翼呼羊肉為蹲鴟唐朱揆諧謔錄亦載類似之事

題曰堂堂乎張京兆田郎盎引論語偶以四言目黥
人田鳳也有一才士乃言時張京兆及田郎二人皆
堂堂耳聞吾此說初大驚駭其後尋愧悔焉江南有
一權貴讀誤本蜀都賦注解蹲鴟芋也乃為羊字人
饋羊肉答書云損惠蹲鴟舉朝驚駭不解事義久後
尋迹方知如此元氏之世在洛京時有一才學重臣
新得史記音而頗紕繆誤反顚項字項當為許録反
錯作許緣反遂一一謂言從來謬音專旭當音專翾
耳此人先有高名翕然信行朞年之後更有碩儒苦
相究討方知誤焉漢書王莽贊云紫色蠅聲餘分閏

○卢本。

位謂以僞亂眞爾昔吾嘗共人談書言及王莽形狀有一俊士自許史學名價甚高乃云王莽非直鴟目虎吻亦紫色蛙聲又禮樂志云給太官挏馬酒李奇注以馬乳爲酒也揰挏乃成二字並從手揰都統反挏徒孔反此謂撞擣挺挏之今爲酪酒亦然向學士又以爲種桐時太官釀馬酒乃熟其孤陋遂至於此太山羊肅亦稱學問讀潘岳賦周文弱枝之棗爲杖策之杖世本容成造曆以曆爲碓磨之磨談說製文援引古昔必須眼學勿信耳受江南閭里間士大夫或不學問羞爲鄙朴道聽塗說強事飾辭呼徵質爲周鄭

孔

盧本

謂霍亂爲博陸上荆州必稱峽西下楊都言去海郡言食則餬口道錢則孔方問移則楚丘論婚則宴爾及王則無不仲宣語劉則無不公幹凡有一二百件傳相祖述尋問莫知源由施安時復失所莊生有乘時鵲起之說故謝朓詩曰鵲起登吳臺吾有一親表作七夕詩云今夜吳臺鵲亦共往塡河羅浮山記云望平地樹如薺故戴暠詩云長安樹如薺又鄴下有一人詠樹詩云遥望長安薺又甞見謂矜誕爲夸毗呼高年爲富有春秋皆耳學之過也夫文字者墳籍根本世之學徒多不曉字讀五經者是徐邈而非許

峽當是陝

盧本

〇『峽』当是『陜』。

〇卢本。

慎習賦誦者信褚詮而忽呂忱明史記者專皮鄒而廢篆籀學漢書者悅應蘇而略蒼雅不知書音是其枝葉小學乃其宗系至見服虔張揖音義則貴之得通俗廣雅而不屑一手之中向背如此況異代各人乎世人皆以通俗文爲服虔造未知非服虔而輕之猶謂是服虔而輕之故此論從俗也

夫學者貴能博聞也郡國山川官位姓族衣服飲食器皿制度皆欲根尋得其原本至於文字忽不經懷已身姓名多或乖舛縱得不誤亦未知所由近世有人爲子制名兄弟皆山傍立字而有名峙者兄弟皆手傍立字而有名機者兄弟皆水傍立字而有名凝

者名儒碩學此例甚多若有知吾鍾之不調一何可笑吾嘗從齊王幸并州自井陘關入上艾縣東數十里有獵閭村後百官受馬粮在晉陽東百餘里亢仇城側並不識二所本是何地博求古今皆未能曉及檢字林韻集乃知獵閭是舊獵餘聚獵音獵也亢仇舊是饅飢亭上音武安反下音仇悉屬上艾時太原王劭欲撰鄉邑記注因此二名聞之大喜吾初讀莊子螝二首韓非子曰虫有螝者一身兩口爭食相齕遂相殺也茫然不識此字何音逢人輒問了無解者案爾雅諸書蠶蛹名螝又非二首兩口貪害之物後見古今字詁

〇宋本。

此亦古之陋字積年凝滯豁然霧解嘗遊趙州見栢人城北有一小水土人亦不知名後讀城西門徐整碑云洦流東指衆皆不識吾案說文此字古魄字也洦淺水貌此水漢來本無名矣直以淺貌目之或當即以洦爲名乎世中書翰多稱勿勿相承如此不知所由或有妄言此忽忽之殘缺耳案說文勿者州里所建之旗也象其柄及三游之形所以趣民事故忽遽者稱爲勿勿吾在益州與數人同坐初晴日明見地上小光問左右此是何物有一蜀竪就視荅云是豆逼耳相顧愕然不知所謂命取將來乃小豆也窮

宋本

〇卢本。
〇卢本。
〇宋本。

訪蜀土呼粒爲逼時莫之解吾云三蒼說文此字白
下爲匕皆訓粒通俗文音方力反衆皆歡悟愍楚友
壻竇如同從河州來得一青鳥馴養愛翫舉俗呼之
爲鶡吾曰鶡出上黨數曾見之色並黃黑無駮雜也
故陳思王鶡賦云楊玄黃之勁羽試檢說文鳻音分雀
佀鶡而青出羌中韻集音分此疑頓釋梁世有蔡朗
諱純既不涉學遂呼蓴爲露葵面牆之徒遞相倣傚
承聖中遣一士大夫聘齊齊主客郎李恕問梁使曰
江南有露葵否荅曰露葵是蓴水鄉所出卿今食者綠
葵菜耳李亦學問但不測彼之深淺乍聞無以覆究

宋本　盧本　富本

思魯等姨夫彭城劉靈嘗與吾坐諸子侍焉吾問儒
行敏行曰凡字與諮議名同音者其數多少能盡識
乎答曰未之究也請導示之吾曰凡如此例不預研
檢忽見不識誤以問人反爲無賴所欺不容易也因
爲說之得五十許字諸劉歎曰不意乃爾若遂不知
亦爲異事校定書籍亦何容易自楊雄劉向方稱此
職耳觀天下書未徧不得妄下雌黃或彼以爲非此
以爲是或本同末異或兩文皆欠不可偏信一隅也

文章篇九

夫文章者原出五經詔命策檄生於書者也序述論

議生於易者也歌詠賦頌生於詩者也祭祀哀誄生
於禮者也書奏箴銘生於春秋者也朝廷憲章軍旅
誓誥敷顯仁義發明功德牧民建國施用多途至於
陶冶性靈從容諷諫入其滋味亦樂事也行有餘力
則可習之然而自古文人多陷輕薄屈原露才揚己
顯暴君過宋玉體貌容冶見遇俳優東方曼倩滑稽
不雅司馬長卿竊貲無操王褒過章童約揚雄德敗
美新李陵降辱夷虜劉歆反覆莽世傅毅黨附權門
班固盜竊父史趙元叔抗竦過度馮敬通浮華擯壓
馬季長佞媚獲誚蔡伯喈同惡受誅吳質詆訶鄉里

曹植悖慢犯法杜篤乞假無猒路粹隘狹已甚陳琳實號麤疎繁欽性無檢格劉楨屈強輸作王粲率躁見嫌孔融禰衡誕傲致殞楊修丁廙扇動取斃阮籍無禮敗俗嵇康凌物凶終傅玄忿鬭免官孫楚矜誇凌上陸機犯順履險潘岳乾沒取危顏延年負氣摧黜謝靈運空疎亂紀王元長凶賊自貽謝玄暉悔慢見及凡此諸人皆其翹秀者不能悉紀大較如此至于帝王亦或未免自昔天子而有才華者唯漢武魏太祖文帝明帝宋孝武帝皆負世議非懿德之君也自子游子夏荀況孟軻枚乘賈誼蘇武張衡左思之

儔有盛名而免過患者時復聞之但其損敗居多耳每嘗思之原其所積文章之體標舉興會發引性靈使人矜伐故忽於持操果於進取今世文士此患彌切一事愜當一句清巧神厲九霄志凌千載自吟自賞不覺更有傍人加以砂礫所傷慘於矛戟諷刺之禍速乎風塵深宜防慮以保元吉　學問有利鈍文章有巧拙鈍學累功不妨精熟拙文研思終歸蚩鄙但成學士自足為人必乏天才勿強操筆吾見世人至於無才思自謂清華流布醜拙亦以衆矣江南號為詅励正癡符近在并州有一士族好為可笑詩賦

誂擊邢魏諸公衆共嘲弄虛相讚說便擊牛釃酒招延聲譽其妻明鑒婦人也泣而諫之此人歎曰才學不爲妻子所容何況行路至死不覺自見之謂明此誠難也　學爲文章先謀親友得其評論者然後出手愼勿師心自任取笑旁人也自古執筆爲文者何可勝言然至於宏麗精華不過數十篇耳但使不失體裁辭意可觀遂稱才士要須動俗蓋世亦俟河之清乎　不屈二姓夷齊之節也何事我爲伊箕之義也自春秋已來家有奔亡國有吞滅君臣固無常分矣然而君子之交絕無惡聲一旦屈膝而事人豈以

存亡而改慮陳孔璋居袁裁書則呼操爲豺狼在魏
製檄則目紹爲虵虺在時君所命不得自專然亦文
人之巨患也當務從容消息之　或問楊雄曰吾子
少而好賦雄曰然童子彫虫篆刻壯夫不爲也余竊
非之曰虞舜歌南風之詩周公作鴟鴞之詠吉甫史
克雅頌之美者未聞皆在幼年累德也孔子曰不學
詩無以言自衛返魯樂正雅頌各得其所大明孝道
引詩證之楊雄安敢忽之也若論詩人之賦麗以則
辭人之賦麗以淫但知變之而已又未知雄自爲壯
夫何如也著劇秦美新妄投於閣周章怖慴不達天

○宋本。
○宋本。
○宋本。

命童子之爲耳桓譚以勝老子葛洪以方仲尼使人歎息此人直以曉算術解陰陽故著太玄經爲數子所惑耳其遺言餘行孫卿屈原之不及安敢望大聖之清塵且太玄今竟何用乎不啻覆醬瓿而已　齊世有辛毗者清幹之士官至行臺尚書嗤鄙文學嘲劉逖云君輩辭藻譬若榮華須臾之翫非宏才也豈比吾徒千丈松樹常有風霜不可凋悴矣劉應之曰既有寒木又發春華何如也辛笑曰可矣凡爲文章猶人乘騏驥雖有逸氣當以銜勒制之勿使流亂軌躅放意填坑岸也文章當以理致爲心腎氣調爲筋

宋本　宋本　宋本

○宋本。

骨事義爲皮膚華麗爲冠冕今世相承趨末棄本率
多浮豔辭與理競辭勝而理伏事與才爭事繁而才
損放逸者流宕而忘歸穿鑿者補綴而不足時俗如
此安能獨違但務去泰去甚耳必有盛才重譽改革
體裁者實吾所希古人之文宏材逸氣體度風格去
今實遠但緝綴踈朴未爲密緻耳今世音律諧靡章
句偶對諱避精詳賢於往昔多矣宜以古之製裁爲
本今之辭調爲末並須兩存不可偏棄也　吾家世
文章甚爲典正不從流俗梁孝元在蕃邸時撰西府
新文史記無一篇見錄者亦以不偶於世無鄭衛之

紀

宋本

〇隋志：陈许亨梁史五十三卷。

隋志陈许亨梁史五十三卷

音故也有詩賦銘誄書表啓疏二十卷吾兄弟始在草土並未得編次便遭火盪盡竟不傳於世銜酷茹恨徹於心髓操行見於梁史文士傳及孝元懷舊志

沈隱侯曰文章當從三易易見事一也易識字二也易讀誦三也邢子才常曰沈侯文章用事不使人覺若胸臆語也深以此服之祖孝徵亦嘗謂吾曰沈詩云崖傾護石髓此豈似用事耶邢子才魏收俱有重名時俗準的以為師匠邢賞服沈約而輕任昉魏愛慕任昉而毀沈約每於談讌辭色以之鄴下紛紜各有朋黨祖孝徵嘗謂吾曰任沈之是非乃邢魏之優

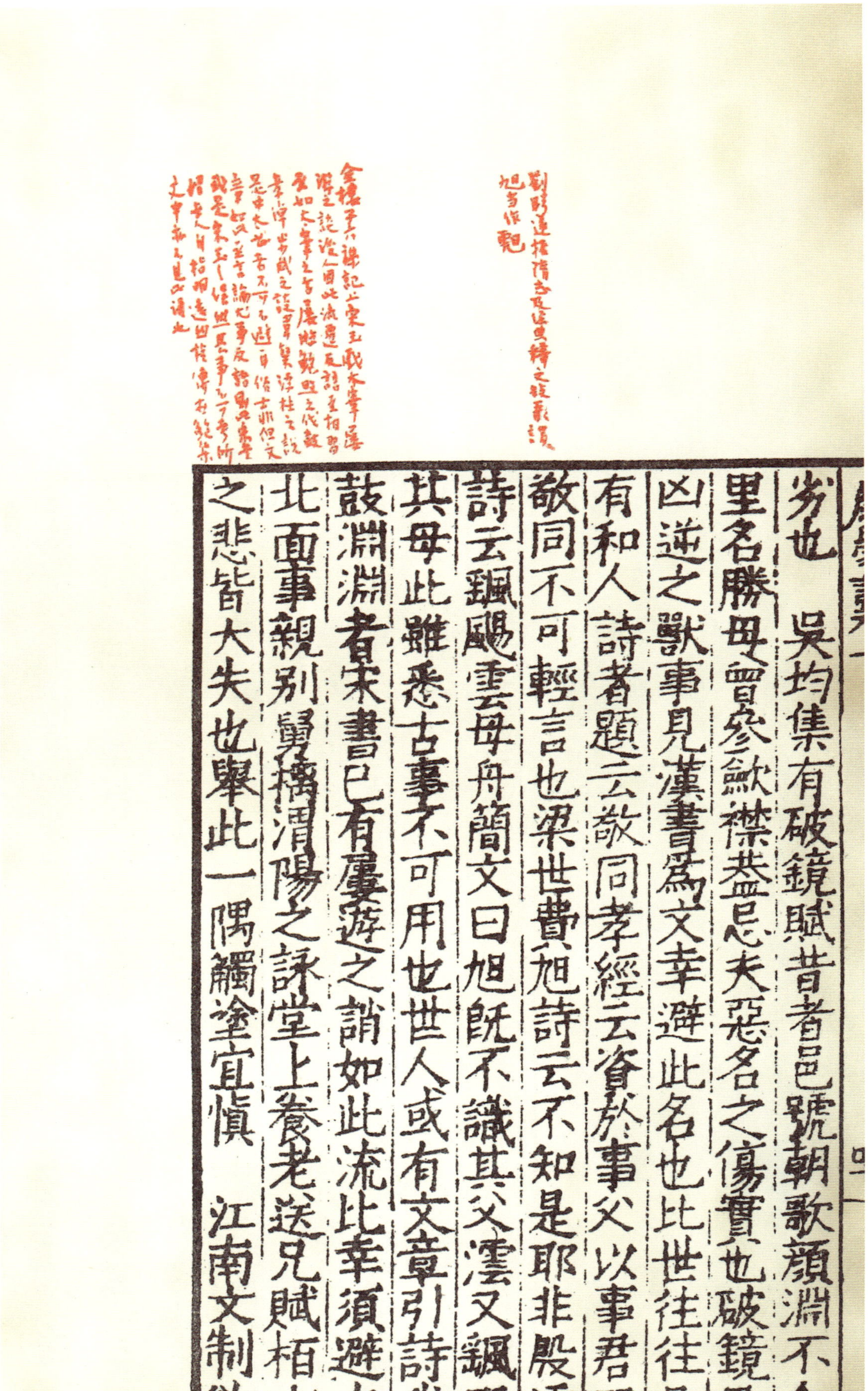
劣也　吳均集有破鏡賦昔者邑號朝歌顏淵不舍
里名勝母曾參斂襟蓋忌夫惡名之傷實也破鏡乃
凶逆之獸事見漢書爲文幸避此名也比世往往見
有和人詩者題云敬同孝經云資於事父以事君而
敬同不可輕言也梁世費旭詩云不知是耶非殷澐
詩云颻颺雲母舟簡文曰旭既不識其父澐又飄颺
其母此雖悉古事不可用也世人或有文章引詩伐
鼓淵淵者宋書已有屢遊之誚如此流比幸須避之
北面事親別舅摛渭陽之詠堂上養老送兄賦桓山
之悲皆大失也舉此一隅觸塗宜慎　江南文制欲

〇刘盼遂据隋志及经典释文叙录谓旭当作虓。

〇金楼子六杂记上：『宋玉戏太宰屡游之谈，后人因此流迁，反语至相习。至如太宰之言屡游，鲍照之伐鼓，孝绰步武之谈，韦粲浮柱之说，是中太甚者，不可不避耳。俗士非但文章如此，至言论尤事反语。』则此『宋书』或是『宋玉』之误，然其事不可考。所谓世人，自指明远，然检传世鲍集，文中亦不见此语也。

入彈射知有病累隨即改之陳王得之於丁廙也山東風俗不通擊難吾初入鄴遂嘗以此忤人至今爲悔汝曹必無輕議也　凡代人爲文皆作彼語理宜然矣至於哀傷凶禍之辭不可輒代蔡邕爲胡金盈作母靈表頌曰悲母氏之不永然委我而夙喪又爲胡顥作其父銘曰葬我考議郎君袁三公頌曰猗歟我祖出自有嬀王粲爲潘文則思親詩云躬此勞瘁鞠予小人庶我顯妣克保遐年而並載乎邕粲之集此例甚衆古人之所行今世以爲諱陳思王武帝誄遂深永蟄之思潘岳悼亡賦乃愴手澤之遺是方父

於虫匹婦於考也蔡邕楊秉碑云統大麓之重番𡰪
贈盧景宣詩云九五思飛龍孫楚玉驃騎誄云奄忽
登遐陸機父誄云億兆宅心敦叙百揆姉誄云俔天
之和今爲此言則朝廷之皐人也王粲贈楊德祖詩
云我君餞之其樂洩洩不可妄施人子況儲君乎挽
歌辭者或云古者虞殯之歌或云出自田横之客皆
爲生者悼往苦哀之意陸平原多爲死人自歎之言
詩格既無此例又乖製作本意　凡詩人之作刺箴
美頌各有源流未嘗混雜善惡同篇也陸機爲齊謳
篇前叙山川物產風教之盛後章忽鄙山川之情殊

失厥體其爲吳趨行何不陳子光夫差乎京洛行何不述赧王靈帝乎　自古宏才博學用事誤者有矣百家雜說或有不同書儻湮滅後人不見故未敢輕議之今指知決紕繆者略舉一兩端以爲誡詩云有鷕雉鳴又曰雉鳴求其牡毛傳亦曰鷕雌雉聲又云雉之朝雊尚求其雌鄭玄注月金亦云雊雄雉鳴潘岳賦曰雉鷕鷕以朝雊是則混雜其雄雌矣詩云孔懷兄弟孔甚也懷思也言甚可思也陸機與長沙顧毋書述從祖弟士璜死乃言痛心拔惱有如孔懷心既痛矣即爲甚思何故言有如也觀其此意當謂親

兄弟爲孔懷詩云父母孔邇而呼二親爲孔邇於義
通乎異物志云擁劒狀如蟹但一螯偏大爾何遜詩
云躍魚如擁劒是不分魚蟹也漢書御史府中列栢
樹常有野鳥數千棲宿其上晨去暮來號朝夕鳥而
文士往往誤作烏鳶用之抱朴子說項曼都詐稱得
仙自云仙人以流霞一杯與我飲之輒不飢渴而簡
文詩云霞流抱朴椀亦猶郭象以惠施之辯爲莊周
言也後漢書因司徒崔烈以鋃鐺鏁上音狼下音當鋃鐺大
鏁也世間多誤作金銀字逵烈太子亦是數千卷學
士嘗作詩云銀鏁三公脚刀撞僕射頭爲俗所誤文

章地理必須愜當梁簡文鴈門太守行乃云鵞軍攻日逐鷰騎蕩康居大宛歸善馬小月送降書蕭子暉隴頭水云天寒隴水急散漫俱分瀉北注徂黃龍東流會白馬此亦明珠之纇美玉之瑕宜慎之　王籍入若耶溪詩云蟬噪林逾靜鳥鳴山更幽江南以爲文外斷絕物無異議簡文吟詠不能忘之孝元諷味以爲不可復得至懷舊志載於籍傳范陽盧詢鄴下才俊乃言此不成語何事於能魏收亦然其論詩云蕭蕭馬鳴悠悠旆旌毛傳曰言不諠譁也吾每歎此解有情致籍詩生於此意耳　蘭陵蕭愨梁室上黃

族之子工於篇什嘗有秋詩云芙蓉露下落楊栁月中踈時人未之賞也吾愛其蕭散宛然在目潁川荀仲舉瑯琊諸葛漢亦以爲爾而盧思道之徒雅所不愜

何遜詩實爲清巧多形似之言揚都論者恨其每病苦辛饒貧寒氣不及劉孝綽之雍容也雖然劉甚忌之平生誦何詩云蘧居響北闕𢡆𢡆（呼麥反）不道車又撰詩苑止取何兩篇時人譏其不廣劉孝綽當時既有重名無所與讓唯服謝朓常以謝詩置几案間動靜輒諷味簡文愛陶淵明文亦復如此江南語曰梁有三何子朗最多三何者遜及思澄子朗也子

朗信饒清巧思澄遊廬山每有佳篇並爲冠絶

名實篇十

名之與實猶形之與影也德藝周厚則名必善焉容色姝麗則影必美焉今不脩身而求令名於世者猶貌甚惡而責妍影於鏡也上士忘名中士立名下士竊名忘名者體道合德享鬼神之福祐非所以求名也立名者修身慎行懼榮觀之不顯非所以讓名也竊名者厚貌深姦干浮華之虛稱非所以得名也人足所履不過數寸然而咫尺之途必顛蹷於崖岸拱抱之梁每沈溺於川谷者何哉爲其傍無餘地故

也君子之立已抑亦如之至誠之言人未能信至潔之行物或致疑皆由言行聲名無餘地也吾每爲人所毀常以此自責若能開方軌之路廣造舟之航則仲由之言信重於登壇之盟趙喜之降城賢於折衝之將矣　吾見世人清名登而金貝入信譽顯而然諾虧不知後之矛戟毀前之干櫓也宓子賤云誠於此者形於彼人之虛實真僞在乎心無不見乎迹但察之未熟耳一爲察之所鑒巧僞不如拙誠承之以羞大矣伯石讓卿王莽辭政當于爾時自以巧密後人書之留傳萬代可爲骨寒毛豎也近有大貴孝悌

著聲前後居喪哀毀踰制亦足以高於人矣而嘗於苫塊之中以巴豆塗臉遂使成瘡表哭泣之過左右童豎不能掩之益使外人謂其居處飲食皆爲不信以一僞喪百誠者乃貪名不已故也有一士族讀書不過二三百卷天才鈍拙而家世殷厚雅自矜持多以酒犢珍玩交諸名士甘其餌者遞相吹噓朝廷以爲文華亦嘗出境聘東萊玉韓晉明篤好文學疑彼製作多非機杼遂設讌言面相討試竟日歡諧辭人滿席屬音賦韻命筆爲詩彼造次即成了非向韻衆客各自沈吟遂無覺者韓退歎曰果如所量韓又嘗

○北齐书卅崔暹传。

北齊書卅崔暹傳

問曰玉珽杼上終葵首當作何形乃答云珽頭曲圜勢如葵葉耳韓既有學忍笑爲吾說之　治點子弟文章以爲聲價大弊事也一則不可常繼終露其情二則學者有憑益不精勵鄴下有一少年出爲襄國令頗自勉篤公事經懷每加撫卹以求聲譽凡遣兵役握手送離或齎梨棗餅餌人人贈別云上命相煩情所不忍道路饑渴以此見思民庶稱之不容於口及遷爲泗州别駕此費日廣不可常周一有僞情觸塗難繼功績遂敗損矣　或問曰夫神滅形消遺聲餘價亦猶蟬殼蛇皮獸迒鳥迹耳何預於死者而聖

人以爲教乎對曰勸也勸其立名則獲其實且勸一伯夷而千萬人立清風矣勸一季札而千萬人立仁風矣勸一柳下惠而千萬人立貞風矣勸一史魚而千萬人立直風矣故聖人欲其魚鱗鳳翼雜沓參差不絕於世豈不弘哉四海悠悠皆慕名者蓋因其情而致其善耳抑又論之祖考之嘉名美譽亦子孫之冕服牆宇也自古及今獲其庇廕者衆矣夫脩善立名者亦猶築室樹果生則獲其利死則遺其澤世人汲汲者不達此意若其與魂爽俱昇松栢偕茂惑矣哉

顔氏家訓上卷終

〇宋本。

顔氏家訓卷下

北齊黄門侍郎顔　之推　撰

明蜀榮昌後學冷宗元

涉務篇十一

夫君子之處世貴能有益於物耳不徒高談虛論左琴右書以費人君禄位也國之用材大較不過六事一則朝廷之臣取其鑒達治體經綸博雅二則文史之臣取其著述憲章不忘前古三則軍旅之臣取其斷決有謀強幹習事四則藩屏之臣取其明練風俗清白愛民五則使命之臣取其識變從宜不辱君命

宋本

六則典造之臣取其程功節費開略有術此則皆勤學守行者所能辨也人性有長短豈責具美於六塗哉但當皆曉指趣能守一職便無媿耳　吾見世中文學之士品藻古今若指諸掌及有試用多無所堪居承平之世不知有喪亂之禍處廟堂之下不知有戰陣之急保俸祿之資不知有耕稼之苦肆吏民之上不知有勞役之勤故難可以應世經務也晉朝南渡優借士族故江南冠帶有才幹者擢爲令僕以下尚書郎中書舍人已上典掌機要其餘文義之士多迂誕浮華不涉世務纖微過失又惜行捶楚所以處

○宋本。

○建康令王复性既儒雅，未尝乘骑，见马嘶歕陆梁，莫不震慑，乃谓人曰：『正是虎，何故名为马乎？』其风俗至此。

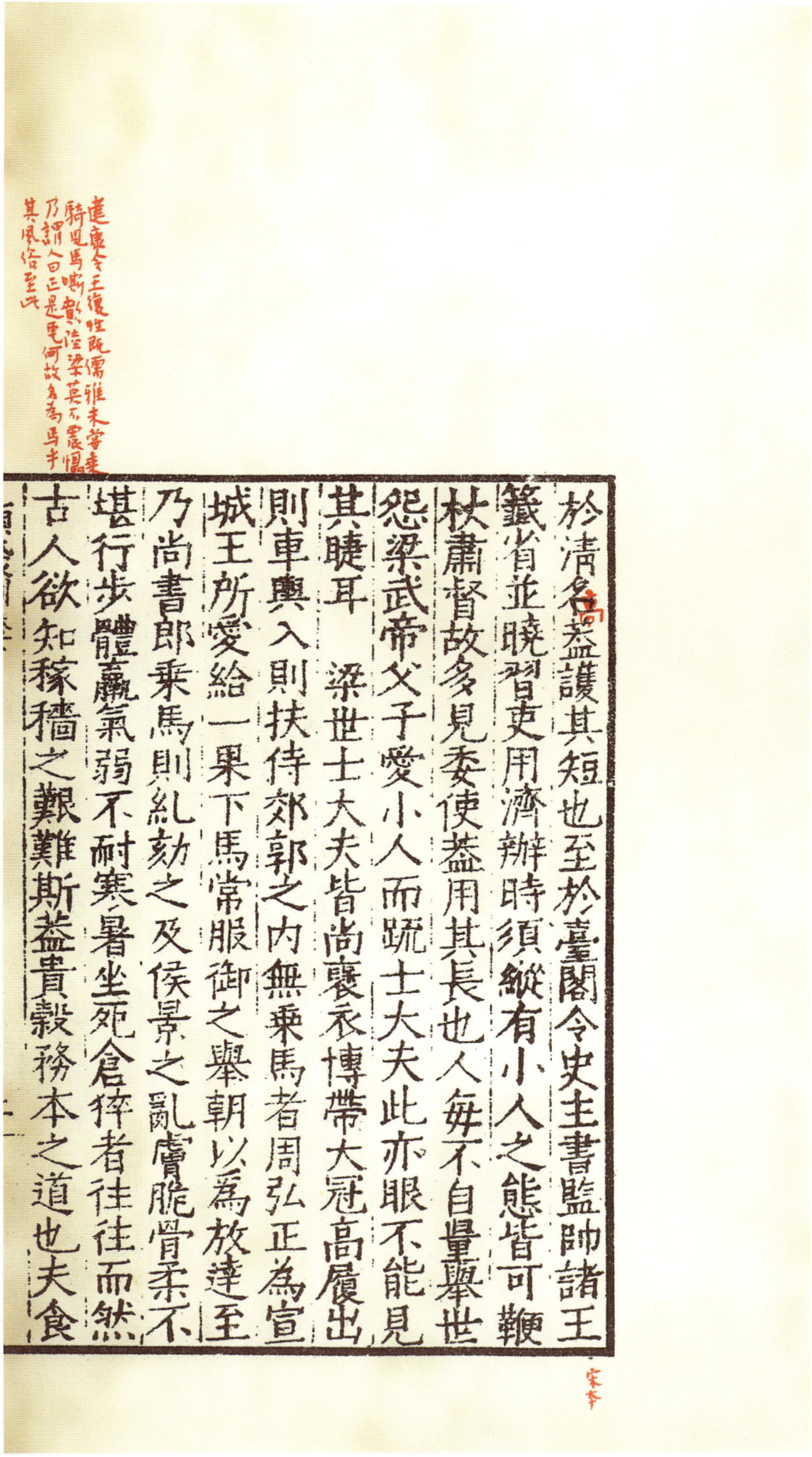
建康令王復性既儒雅未嘗乘騎見馬嘶歕陸梁莫不震慴乃謂人曰正是虎何故名為馬乎其風俗至此

於清名蓋護其短也至於臺閣令史主書監帥諸王籤省並曉習吏用濟辦時須縱有小人之態皆可鞭杖肅督故多見委使蓋用其長也人每不自量舉世怨梁武帝父子愛小人而疏士大夫此亦眼不能見其睫耳　梁世士大夫皆尚褒衣博帶大冠高履出則車輿入則扶侍郊郭之內無乘馬者周弘正為宣城王所愛給一果下馬常服御之舉朝以為放達至乃尚書郎乘馬則糾劾之及侯景之亂膚脆骨柔不堪行步體羸氣弱不耐寒暑坐死倉猝者往往而然古人欲知稼穡之艱難斯蓋貴穀務本之道也夫食

宋本

爲民天民非食不生矣三日不粒父子不能相存耕種之蒔鉏之刈穫之載積之打拂之簸揚之凡幾涉手而入倉廩安可輕農事而貴末業哉江南朝士因晉中興而渡江本爲羈旅至今八九世未有力田悉資俸祿而食耳假令有者皆信僮僕爲之未嘗目觀起一撥土耘一株苗不知幾月當下幾月當收安識世間餘務乎故治官則不了營家則不辦皆優閑之過也

省事篇第十二

銘金人云無多言多言多敗無多事多事多患至哉

〇杭世骏谓指祖珽、徐之才。

杭世駿謂指祖珽徐之才

斯戒也能走者奪其翼善飛者減其指有角者無上齒豐後者無前足蓋天道不使物有兼焉也古人云多爲少善不如執一鼯鼠五能不成伎術近世有兩人朗悟士也性多營綜畧無成名經不足以待問史不足以討論文章無可傳於集錄書迹未堪以留愛翫卜筮射六得三醫藥治十差五音樂在數十人下弓矢在千百人中天文畫繪棊博鮮卑語煎胡桃油鍊錫爲銀如此之類畧得梗槩皆不通熟惜乎以彼神明若省其異端當精妙也　上書陳事起自戰國逮於兩漢風流彌廣原其體度攻人主之長短諫諍

之徒也訐群臣之得失訟訴之類也陳國家之利害對策之伍也帶私情之與奪遊説之傳也揔此四塗賈誠以求位鬻言以干祿或無絲毫之益而有不省之困幸而感悟人主爲時所納初獲不貲之賞終陷不測之誅則嚴助朱買臣吾丘壽王主父偃之類甚衆良史所書蓋取其狂狷一介論政得失耳非士君子守法度者所爲也今世所覩懷瑾瑜而握蘭桂者悉恥爲之守門詣闕獻書言計率多空薄高自矜夸無經畧之大體咸糠粃之微事十條之中一不足採縱合時務已漏先覺非謂不知但患知而不行耳或

被發姦私面相酬證事途廻冗翻懼憖尤人主外護
聲教脫加含養此乃僥倖之徒不足與比肩也　諫
諍之徒以正人君之失爾必在得言之地當盡匡贊
之規不容茍免偷安垂頭塞耳至於就養有方思不
出位于非其任斯則罪人故表記云事君遠而諫則
諂也近而不諫則尸利也論語曰未信而諫人以爲
謗己也　君子當守道崇德蓄價待時爵禄不登信
由天命須求趨競不顧羞慙比較材能斟量功伐厲
色揚聲東怨西怒或有刼持宰相瑕疵而獲酬謝或
有詣聒時人視聽求見發遣以此得官謂爲才力何

貞觀政要卷六

李詳云當作穴文選幽通賦叛迴穴其若茲曹大姑注迴邪也穴辟也韓詩謀猶迴穴穴亦作泬西征賦事回泬而好還猶言反復

〇李详云：『当作「穴」，文选幽通赋：「叛回穴其若兹。」曹大姑注：「回，邪也；穴，辟也。」韩诗：『谋犹回穴。』「穴」亦作「泬」，西征赋：「事回泬而好还。」犹言反复。』

異盜食致飽竊衣取温哉世見躁競得官者便為弗
索何獲不知時運之來不然亦至也見靜退未遇者
便為弗為胡成不知風雲不與徒求無益也凡不求
而自得求而不得者焉可勝算乎　齊之季世多以
財貨託附外家諠動女謁拜守宰者印組光華車騎
輝赫榮兼九族取貴一時而為執政所患隨而伺察
既以利得必以利治微染風塵便乖肅正坑穽殊深
瘡痏未復縱得免死莫不破家然後噬臍亦復何及
吾自南及北未嘗一言與時人論身分也不能通達
亦無尤焉　王子晉云佐饔得嘗佐鬬得傷此言為

善則預爲惡則去不欲黨人非義之事也凡損於物
皆無與焉然而窮鳥入懷仁人所憫況死士歸我當
棄之乎伍員之託漁舟季布之入廣柳孔融之藏張
儉孫嵩之匿趙岐前代之所貴而吾之所行也以此
得辠甘心瞑目至如郭解之代人報讎灌夫之橫怒
求地游俠之徒非君子之所爲也如有逆亂之行得
辠於君親者又不足卹焉親友之迫危難也家財己
力當無所吝若橫生圖計無理請謁非吾教也墨翟
之徒世謂熱腹楊朱之侶世謂冷腸腸不可冷腹不
可熱當以仁義爲節文爾　前在修文令曹有山東

學士與關中太史競曆凡十餘人紛紜累歲内史牒付議官平之吾執論曰大抵諸儒所爭四分并減分兩家爾歷象之要可以晷景測之今驗其分至薄蝕則四分疏而減分密疏者則稱政令有寛猛運行致盈縮非算之失也密者則云日月有遲速以術求之預知其度無災祥也用疏則藏姧而不信用密則任數而違經且議官所知不能精於訟者以淺裁深安有肯服既非格令所司幸勿當也舉曹貴賤咸以爲然有一禮官恥爲此議苦欲畱連強加考覈機杼既薄無以測量還復採訪訟人窺望長短朝夕聚議寒

暑煩勞背春涉冬竟無與奪怨誚滋生赧然而退終爲内史所迫此好名好事之辱也

止足篇十三

禮云欲不可縱志不可滿宇宙可臻其極情性不知其窮唯在少欲知止爲立涯限爾先祖靖侯戒子姪曰汝家書生門戶世無富貴自今仕宦不可過二千石婚姻勿貪勢家吾終身服膺以爲名言也　天地鬼神之道皆惡滿盈謙虛冲損可以免害人生衣趣以覆寒露食趣以塞飢乏爾形骸之内尚不得奢靡己身之外而欲窮驕泰耶周穆王秦始皇漢武帝富

○刘盼遂云：『一切经音义引苍颉篇云：「不啻，多也。」又见左昭元年杜注，世语赏誉、文学、排调、假谲诸篇。亦作「翅」。说文：「疷，病不翅也。」亦作「翅」。』

劉盼遂云一切經音義引蒼頡篇云不啻多也又見左昭元年杜注世語賞譽文學排調假譎諸篇亦作翅說文疷病不翅也亦作翅

顏氏家訓卷

有四海貴爲天子不知紀極猶自敗累況士庶乎常以爲二十口家奴婢盛多不可出二十人良田十頃堂室纔蔽風雨車馬僅代杖策蓄財數萬以擬吉凶急速不啻此者以義散之不至此者勿非道求之仕宦稱泰不過處在中品前望五十人後顧五十人足以免耻辱無傾危也高此者便當罷謝偃仰私庭吾近爲黃門郎已可收退當時羇旅懼罹謗讟思爲此計僅未暇爾自喪亂已來見因託風雲徼倖富貴旦執機權夜塡坑谷朔歡卓鄭晦泣顏原者非十人五人也愼之哉愼之哉

〇颜俊见魏志十五张既传。

顏俊見魏志十五張既傳

誡兵篇十四

顏氏之先本乎鄒魯或分入齊世以儒雅爲業徧在書記仲尼門徒升堂者七十有二顏氏居八人焉秦漢魏晉下逮齊梁未有用兵以取達者春秋之世顏高顏鳴顏羽之徒皆一鬬夫齊有顏涿聚趙有顏冣或作驟漢末有顏良宋有顏延之並處將軍之任竟以顛覆漢郎顏駟自稱好武更無事迹顏忠以黨楚王受誅顏俊以據武威見殺得姓已來無清操者唯此二人皆罹禍敗頃世亂離衣冠之士雖無身手或聚徒衆違棄素業徼倖戰功吾既羸薄仰惟前代故

寘心於此子孫誌之孔子力翹門關不以力聞此聖
證也吾見今世士大夫纔有氣幹便倚賴之不能被
甲執兵以衞社稷但微行險服逞弄拳腕大則陷危
亾小則貽耻辱遂無免者國之興亾兵之勝敗博學
所至幸討論之入帷幄之中參廟堂之上不能爲主
畫規以謀社稷君子所恥也然而每見文士頗讀兵
書微有經略若承平之世睥睨宫閫幸災樂禍首爲
逆亂詿誤善良如在兵革之時構扇反覆縱横說誘
不識存亾强相扶戴此皆陷身滅族之本也誡之哉
誡之哉習五兵便乘騎正可稱武夫爾今世士大夫

宋本有

○宋本有。

但不讀書即稱迂夫兒乃飯囊酒甕也

養生篇第十五

神仙之事未可全誣但性命在天或難鍾值人生居世觸途牽縶幼少之日既有供養之勤成立之年便增妻孥之累衣食資須公私勞役而望遁跡山林超然塵滓千萬不過一爾加以金玉之費鑪器所須益非貧士所辦學如牛毛成如麟角華山之下白骨如莽何有可遂之理考之內教縱使得仙終當有死不能出此不願汝曹專精於此若其愛養神明調護氣息慎節起臥均適寒暄禁忌食飲將餌藥物遂其所

禀不爲夭折者吾無間然諸藥餌法不廢世務也庾
肩吾常服槐實年七十餘目看細字鬚髮猶黑鄴中
朝士有單服杏仁枸杞黃精术車前得益者甚多不
能一一説爾吾嘗患齒搖動欲落飲食熱冷皆苦疼
痛見抱朴子牢齒之法早朝叩齒三百下爲良行之
數日即平愈今恒持之此輩小術無損於事亦可修
也凡欲餌藥陶隱居大清方中總録甚備但須精審
不可輕脱近有王愛州在鄴學服松脂不得節度腸
塞而死爲藥所誤者甚多　夫養生先須慮禍全身
保性有此生然後養之勿徒養其無生也單豹養於

內而喪外張毅養於外而喪內前賢所戒也嵇康著養生之論而以傲物受刑石崇冀服餌之徵而以貪溺取禍往世之所迷也

夫生不可不惜不可苟惜涉險畏之途干禍難之事貪欲以傷生讒慝而致死此君子之所惜哉行誠孝而見賊履仁義而得罪喪身以全家泯軀而濟國君子不咎也自亂離已來吾見名臣賢士臨難求生終爲不救徒取窘辱令人憤懣侯景之亂王公將相多被戮辱妃主姬妾略無全者唯吳郡太守張嵊建義不捷爲賊所害辭色不撓及鄱陽王世子謝夫人登屋詬怒見射而斃夫人謝

遵女也何賢智操行若此之難婢妾引決若此之易
悲夫

歸心篇十六

三世之事信而有徵家業歸心勿輕慢也其間妙旨具諸經論不復於此少能讚述但懼汝曹猶未牢固略重勸誘爾原夫四塵五廕剖析形有六舟三駕運載群生萬行歸空千門入善辯才智惠豈徒七經百氏之博哉明非堯舜周孔所及也內外兩教本為一體漸極為異深淺不同內典初門設五種禁外典仁義禮智信皆與之符仁者不殺之禁也義者不盜之

禁也禮者不邪之禁也智者不淫之禁也信者不妄
之禁也至如畋狩軍旅燕享刑罰因民之性不可卒
除就爲之節使不淫濫爾歸周孔而背釋宗何其迷
也俗之謗者大抵有五其一以世界外事及神化無
方爲迂誕也其二以吉凶禍福或未報應爲欺誑也
其三以僧尼行業多不精純爲姦慝也其四以糜費
金寶減耗課役爲損國也其五以縱有因緣如報善
惡安能辛苦今日之甲利後世之乙乎爲異人也今
並釋之于下云　釋一曰夫遥大之物寧可度量今
人所知莫若天地天爲積氣地爲積塊日爲陽精月

爲陰精星爲萬物之精儒家所安也星有隊落乃爲
石矣精若是石不得有光性又質重何所繫屬一星
之徑大者百里一宿首尾相去數萬百里之物數萬
相連闊狹從斜常不盈縮又星與日月形色同爾但
以大小爲其等差然而日月又當石也石既牢密烏
兔焉容石在氣中豈能獨運日月星辰若皆是氣氣
體輕浮當與天合往來環轉不得錯違其間遲疾理
宜一等何故日月五星二十八宿各有度數移動不
均寧當氣墜忽變爲石地既滓濁法應沉厚鑿土得
泉乃浮水上積水之下復有何物江河百谷從何處

○『若为』犹『如何』也。宋书八五王景文传：『由来有是，何故独惊之。居贵要但问心若为耳。』南齐书五四明僧绍传：『天子若来，居士若为相对。』

若爲猶如何也。宋書八五王景文傳：由來有是，何故獨驚之。居貴要但問心若爲耳。南齊書五四明僧紹傳：天子若來，居士若爲相對。

生東流到海何爲不溢歸塘尾閭渫何所到沃焦之
石何氣所然潮汐去還誰所節度天漢懸指那不散
落水性就下何故上騰天地初開便有星宿九州未
劃列國未分翦疆區野若爲躔次封建已來誰所制
割國有增減星無進退災祥禍福就中不差乾象之
大列星之夥何爲分野止繫中國昴爲旄頭匈奴之
次西胡東越彫題交阯獨棄之乎以此而求迄無了
者豈得以人事尋常抑必宇宙外也凡人之信唯耳
與目耳目之外咸致疑焉儒家說天自有數義或渾
或蓋乍宣乍安斗極所周管維所屬若所親見不容

顏氏家訓卷五　十二

不同若所測量寧足依據何故信凡人之臆説迷大聖之妙旨而欲必無恒沙世界微塵數劫也而鄒衍亦有九州之談山中人不信有魚大如木海上人不信有木大如魚漢武不信弦膠魏文不信火布胡人見錦不信有虫食樹吐絲所成昔在江南不信有千人氈帳及來河北不信有二萬斛船皆實驗也世有祝師及諸幻術猶能履火蹈刃種瓜移井倏忽之間十變五化人力所爲尚能如此何況神通感應不可思量千里寶幢百由旬座化成淨土踊出妙塔乎

釋二曰夫信謗之徵有如影響耳聞眼見其事已多

或乃精誠不深，業緣未感，時儻差閒，終當獲報耳。善惡之行，禍福所歸。九流百氏，皆同此論，豈獨釋典爲虛妄乎？項橐、顔回之短折，原憲、伯夷之凍餒，盜跖、莊蹻之福壽，齊景、桓魋之富強，若引之先業，冀以後生，更爲通耳。如以行善而偶鍾禍報，爲惡而儻值福徵，便可怨尤，即爲欺詭；則亦堯、舜之云虛，周、孔之不實也，又欲安所依信而立身乎？　釋三曰：開闢已來，不善人多而善人少，何由悉責其精絜乎？見有名僧高行，棄而不説；若覩凡僧流俗，便生非毁。且學者之不勤，豈教者之爲過？俗僧之學經律，何異士人之學詩

禮以詩禮之教格朝廷之人略無全行者以經律之
禁格出家之輩而獨責無犯哉且闕行之臣猶求祿
位毁禁之侶何慙供養乎其於戒行自當有犯一披
法服已墮僧數歲中所計齋講誦持比諸白衣猶不
啻山海也　釋四曰内教多途出家自是其一法耳
若能誠孝在心仁惠爲本須達流水不必剃落鬚髮
豈令罄井田而起塔廟窮編戶以爲僧尼也皆由爲
政不能節之遂使非法之寺妨民稼穡無業之僧空
國賦算非大覺之本旨也抑又論之求道者身計也
惜費者國謀也身計國謀不可兩遂誠臣徇主而棄

親孝子安家而忘國各有行也儒有不屈王侯高尚其事隱有讓王辭相避世山林安可計其賦役以爲罪人若能偕化黔首悉入道場如妙樂之世穰佉之國則有自然稻米無盡寶藏安求田蠶之利乎　釋五曰形體雖死精神猶存人生在世望於後身似不相屬及其歿後則與前身似猶老少朝夕耳世有魂神示現夢想或降童妾或感妻孥求索飲食徵須福祐亦爲不少矣今人貧賤疾苦莫不怨尤前世不修功業以此而論安可不爲之作地乎夫有子孫自是天地間一蒼生耳何預身事而乃愛護遺其基址況

於巳之神爽頃欲棄之哉凡夫蒙蔽不見未來故言彼生與今非一體耳若有天眼鑒其念念隨滅生生不斷豈可不怖畏耶又君子處世貴能克巳復禮濟時益物治家者欲一家之慶治國者欲一國之良僕妾臣民與身竟何親也而為勤苦修德乎亦是堯舜周孔虛失愉樂耳一人修道濟度幾許蒼生免脫幾身罪累幸熟思之汝曹若顧俗計樹立門戶不棄妻子未能出家但當兼修戒行留心誦讀以為來世津梁人身難得勿虛過也儒家君子尚離庖廚見其生不忍其死聞其聲不食其肉高柴折像未知內教皆

能不殺此乃仁者自然用心含生之徒莫不愛命去殺之事必勉行之好殺之人臨死報驗子孫殃禍其數甚多不能悉録耳且示數條於末梁世有人常以雞卵白和沐云使髪光每沐輒破二三十枚臨死髪中但聞啾啾數千雞雛聲　江陵劉氏以賣鱓羹為業後生一兒頭是鱓自頸已下方為人耳　王克為永嘉郡守有人餉羊集賓欲讌而羊繩解來投一客先跪兩拜便入衣中此客竟不言之固無救請須臾宰羊為炙先行至客一臠入口便下皮內周行遍體痛楚號叫方復說之遂作羊鳴而死　梁孝元在江

太平廣記一百廿引之推還冤記亦有楊思達錄文略同

州時有人爲望蔡縣令經劉敬躬亂縣廨被焚寄寺
而住民將牛酒作禮縣令以牛繫刹柱屏除形像鋪
設牀坐於堂上接賓未殺之頃牛解徑來至階而拜
縣令大笑命左右宰之飲噉醉飽便卧簷下稍醒而
覺體痒爬搔隱疹因爾成癩十許年死　楊思達爲
西陽郡守值侯景亂時復旱儉飢民盜田中麥思達
遣一部曲守視所得盜者輒截手腕凡戮十餘人部
曲後生一男自然無手　齊有一奉朝請家甚豪侈
非手殺牛噉之不美年三十許病篤大見牛來舉體
如被刀刺叫呼而終　江陵高偉隨吾入齊凡數年

○太平广记一百廿引之推还冤记亦有杨思达，录文略同。

〇宋本『却云』六字作『却成教以妇』。

〇宋本。

向幽州淀中捕魚後病每見羣魚齧之而死　世有癡人不識仁義不知富貴並由天命爲子娶婦恨其生資不足倚作舅姑之尊蛇虺其性毒口加誣不識忌諱罵辱婦之父母却云教以婦道不孝己身不顧他恨怛怜己之子女不愛己之兒婦如此之人陰紀其過鬼奪其筭愼不可與爲鄰仍不可與爲援宜遠之哉

書證篇十七

詩云參差荇菜爾雅云荇菨余也字或爲莕先儒解釋皆云水草圓葉細莖隨水淺深今是水悉有之黃

接

宋本

宋本却云六字作却成教婦

花似蓴江南俗亦呼爲猪蓴或呼爲荇菜劉芳具有注釋而河北俗人多不識之博士皆以參差者是莧菜呼人莧爲人荇亦可笑之甚　詩云誰謂荼苦爾雅毛傳並以荼苦菜也又禮云苦菜秀案易統通卦驗玄圖曰苦菜生於寒秋更冬歷春得夏乃成今中原苦菜則如此也一名游冬葉似苦苣而細摘斷有白汁花黃似菊江南別有苦菜葉似酸漿其花或紫或白子大如珠熟時或赤或黑此菜可以釋勞案郭璞注爾雅此乃蘵黃蒢也今河北謂之龍葵梁世講禮者以此當苦菜既無宿根至春子方生耳亦大誤

也又高誘注呂氏春秋曰榮而不實曰英苦菜當言英葢知非龍葵也　詩云有杕之杜江南本並木傍施太傅曰杕獨皃也徐仙民音徒計反說文曰杕樹皃也在木部韻集音次第之第而河北本皆爲夷狄之狄讀亦如字此大誤也　詩云駉駉牡馬江南書皆作牝牡之牡河北本悉爲放牧之牧鄴下博士見難云駉頌既美僖公牧于坰野之事何限騲騭乎余荅曰案毛詩云駉駉良馬腹幹肥張也其下又云諸侯六閑四種有良馬戎馬田馬駑馬若作放牧之意通於牝牡則不容限在良馬獨得駉駉之稱良馬天

子以駕玉輅諸侯以充朝聘郊祀必無騂也周禮圉
人職良馬匹一人駑馬麗一人圉人所養亦非騂也
頌人舉其強駿者言之於義爲得也易云良馬逐逐
左傳云以其良馬二亦精駿之稱非通語也今以詩
傳良馬通於牧騂恐失毛生之意且不見劉芳義證
乎　月令云荔挺出鄭玄注云荔挺馬薤也說文云
荔似蒲而小根可爲刷廣雅云馬薤荔也通俗文亦
云馬藺易統通卦驗玄圖云荔挺不出則國多火災
蔡邕月令章句云荔似挺高誘注呂氏春秋云荔草
挺出也然則月令注荔挺爲草名誤矣河北平澤率

生之江東頗有此物人或種於階庭但呼爲旱蒲故不識馬薤講禮者乃以爲馬莧堪食亦名豚耳俗曰馬齒江陵嘗有一僧面形上廣下狹劉緩幼子民譽年始數歲俊悟善體物見此僧云面似馬莧其伯父劉縚因呼爲荔挺法師縚親講禮名儒尚誤如此

詩云将其來施施毛傳云施施難進之意鄭箋云施施舒行皃也韓詩亦重爲施施河北毛詩皆云施施江南舊本悉單爲施俗遂是之恐爲少誤

詩云有渰萋萋興雲祁祁毛傳云渰陰雲皃萋萋雲行皃祁祁徐皃也箋云古者陰陽和風雨時其來祁祁然不

暴疾也案渰已是陰雲何勞復云興雲祁祁耶雲當
為雨俗寫誤耳班固靈臺詩云三光宣精五行布序
習習祥風祁祁甘雨此其證也　禮云定猶豫決嫌
疑離騷曰心猶豫而狐疑先儒未有釋者案尸子曰
五尺犬為猶說文云隴西謂犬子為猶吾以為人將
犬行犬好豫在人前待人不得又來迎候如此往還
至于終日斯乃豫之所以為未定也故稱猶豫或以
爾雅曰猶如麂善登木猶獸名也既聞人聲乃豫緣
木如此上下故稱猶豫狐之為獸又多猜疑故聽河
冰無流水聲然後渡今俗云狐疑虎卜則其義也

左傳曰齊侯痎遂痁說文云痎二日一發之瘧痁有熱瘧也案齊侯之病本是間日一發漸加重乎故爲諸侯憂也今北方猶呼痎瘧音皆而世間傳本多以痎爲疥杜征南亦無解釋徐仙民音介俗儒就爲通云病疥令人惡寒變而成瘧此臆說也疥癬小疾何足可論寧有患疥轉作瘧乎　尚書曰惟影響周禮云土圭測影影朝影夕孟子曰圖影失形莊子云罔兩問影如此等字皆當爲光景之景凡陰景者因光而生故即謂爲景淮南子呼爲景柱廣雅云晷柱掛景並是也至晉世葛洪字苑傍始加彡[illegible]音於景反

而世間輙改治尚書周禮莊孟從葛洪字甚爲失矣
太公六韜有天陳地陳人陳雲鳥之陳論語曰衛靈
公問陳於孔子左傳爲魚麗之陳俗本多作阜傍車
乘之車按諸陳字並作陳鄭之陳夫行陳之義取於
陳列耳此六書爲假借也蒼雅及近世字書皆無別
字唯王羲之小學章獨阜傍作車縱復俗行不宜追
改六韜論語左傳也詩云黃鳥于飛集於灌木傳云
灌木叢木也此乃爾雅之文故李巡注曰木叢生曰
灌爾雅末章又云木族生爲灌族亦叢聚也所以江
南詩古本皆爲蕞聚之蕞而古叢字似冣字近世儒

○宋本。

○赵据隋志改『王羲之』为『王义[之]』，小学考亦谓非右军。刘盼遂云：『传世淳化阁帖右军法帖中俗体特多，张守节史记正义字例云：「钟、王等家以能为法，致令楷文改变，非复一端。」石鼓歌云：「羲之俗书逞姿媚。」』

生因改爲㝡解云木之㝡高長者案衆家爾雅及解
詩無言此者唯周續之毛詩注音爲徂會反劉昌宗
詩注音爲在公反又祖會反皆爲穿鑿失爾雅訓也
也是語巳及助句之辭文籍備有之矣河北經傳悉
略此字其間字有不可得無者至如伯也執殳於旅
也語囘也屢空風風也教也及詩傳云不戢戢也不
儺儺也不多多也如斯之類儻削此文頗成廢闕詩
言青青子衿傳曰青衿青領也學子之服按古者斜
領下連於衿故謂領爲衿孫炎郭璞注爾雅曹大家
注烈女傳並云衿交領也鄴下詩本旣無也字群儒

〇宋本有。

因謬說云青衿青領是衣兩處之名皆以青爲飾用
釋青青二字其失大矣又有俗學聞經傳中時須也
字輒以意加之每不得所益誠可笑　易有蜀才注
江南學士遂不知是何人王儉四部目錄不言姓名
題云王弼後人謝炅夏侯該並讀數千卷書皆疑是
譙周而李蜀書一名漢之書云姓范名長生自稱蜀
才南方以晉渡江後北間傳記皆名爲僞書不肯省
讀故不見也　禮王制云贏股肱鄭注云謂揎衣出
其臂脛今書皆作擐甲之擐國子博士蕭該云擐當
作揎音宣擐是穿著之名非出臂之義案字林蕭讀

宋本有

〇宋本。

是徐爰音患非也　漢書田肎賀上江南本皆作宵字沛國劉顯博覽經籍偏精班漢梁代謂之漢聖顯子臻不墜家業讀班史呼爲田肎梁元帝嘗問之荅曰此無義可求但臣家舊本以雌黄改宵字爲肎元帝無以難之吾至江北見本爲肎　漢書王莽贊云紫色蠅聲餘分閏位蓋謂非玄黄之色不中律吕之音也近有學士名問甚高遂云王莽非直鳶髆虎視復紫色蠅聲亦爲誤矣　簡策字竹下施朿七賜反末代隸書似杞宋之宋亦有竹下遂爲夾者猶如刺史之傍應爲朿今亦作夾徐仙民春秋禮音遂以筴爲

宋本

〇卢本段讫。

正字以棗爲音殊爲顛倒史記又作悉字誤而爲述
作妬字誤而爲姤裴徐鄒皆以悉字音述以妬字音
姤既爾亦可以亥爲豕字音以帝爲虎字音乎　張
揖云宓今伏羲氏也孟康漢書古文注亦云宓今伏
而皇甫謐云伏羲或謂之宓羲按諸經史緯候遂無
宓羲之號虙字從虍呼音宓字從宀綿音下俱爲必末世
傳寫遂誤以虙爲宓而帝王世紀因誤更立名耳何
以驗之孔子弟子虙子賤爲單父宰即虙羲之後俗
字亦爲宓或復加山今兗州永昌郡城舊單父地也
東門有子賤碑漢世所立乃云濟南伏生即子賤之

盧本段訖

後是知處之與伏古來通字誤以爲宓較可知矣

太史公記曰寧爲雞口無爲牛後此是删戰國策耳按延篤戰國策音義曰尸雞中之主從牛子然則口當爲尸後當爲從俗寫誤也　應劭風俗通云太史公記高漸離變名易姓爲人庸保匿作於宋子久之作苦聞其家堂上有客擊筑伎癢不能無出言案伎癢者懷其伎而腹癢也是以潘岳射雉賦亦云徒心煩而伎癢今史記並作徘徊或作傍徨不能無出言是爲俗傳寫誤爾　太史公論英布曰禍之興自愛姬生於妒媚以至滅國又漢書外戚傳亦云成結寵

妾妬媚之誅此二媚並當作媢媢亦妬也義見禮記三蒼且五宗世家亦云常山憲王后妬媢王充論衡云妬夫媢婦生則忿怒鬬訟益知媢是妬之別名原英布之誅爲意賁赫耳不得言媚　史記始皇本紀二十八年丞相隗林丞相王綰等議於海上諸本皆作山林之林開皇二年五月長安民掘得秦時鐵稱權旁有銅塗鐫銘二所其一所曰廿六年皇帝盡幷兼天下諸侯黔首大安立號爲皇帝乃詔丞相狀綰灋度量則不壹歉疑者皆壹明之凡四十字其一所曰元年制詔丞相斯去疾法度量盡始皇帝爲之皆

刻辭焉今襲號而刻辭不稱始皇帝其於久遠也如後嗣爲之者不稱成功盛德刻此詔于左使毋疑几五十八字一字磨滅見有五十七字了了分明其書兼爲古隸余被勑寫讀之與内史令李德林對見此稱權今在官庫其丞相狀字乃爲狀皃之狀爿旁作犬則知俗作隗林非也當爲隗狀耳　漢書云中外禔福字當從示禔安也音匙匕之匙義見蒼雅方言河北學士皆云如此而江南書本多誤從手屬文者對耦並爲提挈之意恐爲誤　或問漢書注爲元后父名禁改禁中爲省中何故以省代禁荅曰案周禮

宮正掌王宮之戒令糾禁鄭注云糾猶割也察也李
登云省察也張揖云省今省詧也然則小井所領二
反並得訓察其處旣常有禁衛省察故以省代禁詧
古察字也　漢明帝紀爲四姓小侯立學校桓帝加
元服又賜四姓及梁鄧小侯帛是知皆外戚也明帝
時外戚有樊氏郭氏陰氏馬氏爲四姓謂之小侯者
或以年小獲封故須立學耳或以侍祠猥朝侯非列
侯故曰小侯禮云庶方小侯則其義也　後漢書云
鸛雀銜三鱓譱魚多假借爲鱣鮪之鱣俗之學士因
謂之爲鱣魚案魏武四時食制鱣魚大如五斗奩長

〇卢本无『头』字。

〇卢本据后书本传改。

一丈郭璞注爾雅鱣長二丈安有鸛雀能勝一者況三頭中鱣又純灰色無文章也鱓魚長者不過三尺大者不過三指黃地黑文故都講云蛇鱓卿大夫服之象也續漢書及搜神記亦說此事皆作鱓字孫卿云魚鱉鰌鱣及韓非說苑皆曰鱣似蛇蚕似蠋並作鱣字假鱣為鱓其來久矣　後漢書酷吏樊曅為天水郡守凉州為之歌曰寧見乳虎穴不入曅城寺而江南書本穴皆誤作六學士因循迷而不寤夫虎豹穴居事之較者所以班超云不探虎穴安得虎子寧當論其六七乎　後漢書楊由傳云風吹削胏此是

削札牘之柹耳古者書誤則削之故左傳云削而投之是也或即謂札爲削王褒童約曰書削代牘蘇竟書云昔以摩研編削之才皆其證也詩云伐木滸滸毛傳云滸滸柹皃也史家假借爲肝肺字俗本悉作脯腊之脯或爲反哺之哺學士因解云削哺是屏障之名既無證據亦爲妄矣此是風角占候耳風角書曰庶人風者拂地揚塵轉削若是屏障何由可轉也三輔決録云前隊大夫范仲公鹽豉蒜果共一筩果當作塊顆之顆北土通呼物一由改爲一顆蒜顆是俗間常語耳故陳思王鷂雀賦曰頭如果蒜目似擘

〇今燉煌唐写本老子化胡经老子十六变词有此二语。

今燉煌唐寫本老子化胡經老子十六變詞有此二語

椒又道經云合口誦經聲璅璅眼中淚出珠子碟其字雖異其音與義頗同江南但呼為蒜符不知謂為顆學上相承讀為裹結之裹言鹽與蒜共一苞裹內筩中耳正史削繁音義又音蒜顆為苦戈反皆失也

有人訪吾曰魏志蔣濟上書云弊攰之民何字也余應之曰意為攰即是皴倦之皴耳要用字苑云攰音九僞反字見廣雅及陳思王集也張揖呂忱並云支傍作刀劒之刀亦是剞字不知蔣氏自造支傍作筋力之力或借剞字終當音九僞反

晉中興書太山羊曼常頹縱任俠飲酒誕節兗州號為濌伯此字更無音訓梁孝元帝常謂吾

曰由來不識唯張簡憲見教呼爲嚃羹之嚃自爾便遵承之亦不知所出簡憲是湘州刺史張纘諡也江南號爲碩學案法盛世代殊近當是耆老相傳俗間又有𨤲𨤲語蓋無所不施無所不容之意也顧野王玉篇誤爲黑傍沓顧雖博物猶出簡憲孝元之下而二人皆云重邊吾所見數本並無作黑者重沓是多饒積厚之意從黑更無義旨　古樂府歌詞先述三子次及三婦婦是對舅姑之稱其末章云丈人且安坐調絃未遽央古者子婦供事舅姑旦夕在側與兒女無異故有此言丈人亦長老之目今世俗猶呼其

祖考爲先亡丈人又疑丈當爲大北間風俗婦呼舅爲大人公丈之與大易爲誤耳近代文士頗作三婦詩乃爲匹嫡並耦己之群妻之意又加鄭衛之辭大雅君子何其謬乎　古樂府歌百里奚詞曰百里奚五羊皮憶別時烹伏雌吹扊扅今日富貴忘我爲吹當作炊煮之炊案蔡邕月令章句曰鍵關牡也所以止扉或謂之剡移然則當時貧困并以門牡木作薪炊耳聲類作扊又或作扂　通俗文世間題云河南服虔字子愼造虔既是漢人其叙乃引蘇林張揖蘇張皆是魏人且鄭玄以前全不解反語通俗反音甚

爲近俗阮孝緒又云李虔所造河北此書家藏一本遂無作李虔者晉中經簿及七志並無其目竟不得知誰制然其文義允愜實是高才殷仲堪常用字訓亦引服虔俗說今復無此書未知即是通俗文爲當有異近代或更有服虔乎不能明也　或問山海經夏禹及益所記而有長沙零陵桂陽諸暨如此郡縣不少以爲何也荅曰史之闕文爲日久矣加復秦人滅學董卓焚書典籍錯亂非止於此譬猶本草神農所述而有豫章朱崖趙國常山奉高真定臨淄馮翊等郡縣名出諸藥物爾雅周公所作而云張仲孝友

○宋本有。

仲尼脩春秋而經書孔丘卒世本左丘明所書此訛出皇甫謐帝王世紀而有燕王喜漢高祖汲冢瑣語乃載秦望碑蒼頡篇李斯所造而云漢兼天下海內并廁豨黥韓覆畔討滅殘列仙傳劉向所造而贊云七十四人出佛經列女傳亦向所造其子歆又作頌終于趙悼后而傳有更始韓夫人明德馬后及梁夫人嫕皆由後人所羼非本文也　或問曰東宮舊事何以呼鴟尾爲祠尾答曰張敞者吳人不甚稽古隨宜記注逐鄉俗訛謬造作書字耳吳人呼祠祀爲鴟祀故以祠代鴟字呼紺爲禁故以糸旁作禁代紺字呼盞爲竹簡反

宋本有

○宋本。

故以木傍作展以代盞字呼鑊字爲霍字故以金傍
作霍代鑊字又金傍作患爲鐶字木傍作鬼爲槐字
火傍作庶爲炙字既下作毛爲髻字金花則金傍作
華窓扇則木傍作扇諸如此類專輒不少又問東宮
舊事六色罽緵是何等物當作何音荅曰按說文云
莙牛藻也讀若威音隱塢瑰反即陸機所謂聚藻葉
如蓬者也郭璞注三蒼亦云蘊藻之類也細葉蓬茸
生然今水中有此物一節長數寸細茸如絲圓繞可
愛長者二三十節猶呼爲莙又寸斷五色絲橫著線
股間繩之以象莙草用以飾物即名爲莙于時當紺

〇宋本一字。

六色罽作此著以飾緹帶張敞因造系旁畏耳宜作隈

栢人城東北有一孤山古書無載者唯闞駰十三州志以爲舜納于大麓即謂此山其上今猶有堯祠焉世俗或呼爲宣務山或呼爲虛無山莫知所出趙郡士族有李穆叔季節兄弟李普濟亦爲學問並不能定鄉邑此山余嘗爲趙州佐共太原王邵讀栢人城西門内碑碑是漢桓帝時栢人縣民爲縣令徐整所立銘云土有巏務山王喬所仙方知此巏務山也巏字遂無所出務字依諸字書即旄丘之旄也旄字字林一音亡付反今依附俗名當音權務耳入鄴

宋本一字

爲魏收說之收大嘉歎值其爲趙州莊嚴寺碑銘曰
權務之精即用此也　或問一夜何故五更更何所
訓荅曰漢魏以來謂爲甲夜乙夜丙夜丁夜戊夜又
云鼓一鼓二鼓三鼓四鼓五鼓亦云一更二更三更
四更五更皆以五爲節西都賦亦云衛以嚴更之署
所以爾者假令正月建寅斗柄夕則指寅曉則指午
矣自寅至午凡歷五辰冬夏之月雖復長短參差然
辰間遼闊盈不至六縮不至四進退常在五者之間
更歷也經也故曰五更爾　爾雅云朮山薊也郭璞
注云今朮似薊而生山中案朮葉其體似薊近世文

〇刘盼遂云：『梁武命周舍作上云乐词云：「西方老胡，厥名文康。」据隋乐志，上云乐，歌舞之名。「文康」乃其中角色。』

劉盼遂云梁武令周捨作上雲樂詞云西方老胡厥名文康據隋樂志上雲樂歌舞之名文康乃其中角色

士遂讀蒯爲筋肉之筋以耦地骨用之恐失其義
或問俗名傀儡子爲郭禿有故實乎荅曰風俗通云
諸郭皆諱禿當是前代人有姓郭而病禿者滑稽戲
調故後人爲其象呼爲郭禿猶文康象庾亮耳　或
問曰何故名治獄參軍爲長流乎荅曰帝王世紀云
帝少昊崩其神降于長流之山（此事本出山海經流作留）於祀主
秋（此職本秋令）按周禮秋官司寇主刑罰長流之職漢魏
捕賊掾耳晉宋以來始爲參軍上屬司寇故取秋帝
所居爲嘉名焉　客有難主人曰今之經典子皆謂
非說文所言子皆云是然則許慎勝孔子乎主人撫

顏氏家訓卷六

掌大笑應之曰今之經典皆孔子手迹耶客曰今之說文皆許慎手迹乎答曰許慎檢以六文貫以部分使不得誤誤則覺之孔子存其義而不論其文也先儒尚得改文從意何况書寫流傳耶必如左傳止戈爲武反正爲乏皿蟲爲蠱亥有二首六身之類後人自不得輒改也安敢以說文校其是非哉且余亦不專以說文爲是也其有援引經傳與今乖者未之敢從

又相如封禪書曰䆃一莖六穗於庖犧雙觡共抵之獸此䆃訓擇光武詔云非徒有豫養䆃擇之勞是也而說文云䆃是禾名引封禪書爲證無妨自當

有禾名導非相如所用也禾一莖六穗於庖豈成文乎縱使相如天才鄙拙強爲此語則下句當云麟雙觡共抵之獸不得云犧也吾嘗笑許純儒不達文章之體如此之流不足憑信大抵服其爲書隱栝有條例剖析窮根源鄭玄注書往往引其爲證若不信其說則冥冥不知一點一畫有何意焉世間小學者不通古今必依小篆是正書記凡爾雅三蒼說文豈能悉得蒼頡本指哉亦是隨代損益各有同異西晉已往字書何可全非但令體例成就不爲專輒耳考校是非特須消息至如仲尼居三字之中兩字非體三

○卢本。
○卢本。

蒼尼旁益丘說文居下施几如此之類何由可從古無二字又多假借以中爲仲以說爲悅以召爲邵以閒爲閑如此之徒亦不勞改自有訛謬過成鄙俗亂旁爲舌揖下無耳黿鼉從龜奮奪從雚籍席中加帶惡上安西鼓外設皮鑿頭生毀離則配禹壑乃施豁巫混經旁皋分澤片獵化爲獦（音葛獸名出山海經）寵變成竉（音邱動反孔也故從穴）業左益土靈底著器率字自有律音強改爲別單字自有善音輒析成異如此之類不可不治吾昔初看說文蚩薄世字從正則懼人不識隨俗則意嫌其非略是不得下筆也所見漸廣更知通變

救前之執将欲半焉若文章著述猶擇微相影響者行之官曹文書世間尺牘幸不違俗也案彌亘字從二間舟詩云亘之秬秠是也今之隸書轉舟爲日而何法盛中興書乃以舟在二間爲舟航字謬也春秋說以人十四心爲德詩說以二在天下爲酉漢書以貨泉爲白水真人新論以金昆爲銀國志以天上有口爲吳晉書以黃頭小人爲恭宋書以召力爲劭參同契以人負告爲造如此之例蓋數術謬語假借依附雜以戲笑耳如猶轉貢字爲項以叱爲七安可用此定文字音讀乎潘陸諸子離合詩賦拭卜破字經

顏氏家訓

○南史：『初命之曰「卲」，在文为「召刀」，后恶焉，改「刀」为「力」。』卢文弨云：『「召」旁作「刀」，只有「刟」字，广雅：「断也。」必不以此命名。盖本是「卲」字，从卩，高也。而隶书之「卩」，文颇近「刀」，故改从「力」以易之。以「力」训「勉」，二字皆说文所有，而当时以「卩」为「刀」，故颜氏以「力」谬尔。』

及鮑昭謎字皆取會流俗不足以形聲論之也　河
間邢芳語吾云賈誼傳云日中必熭注熭暴也曾見
人解云此是暴疾之意正言日中不須臾卒然便昃
耳此釋爲當乎吾謂邢曰此語本出太公六韜案字
書古者暴曬字與暴疾字相似唯下少異後人專輙
加傍日耳言日中時必須暴曬不爾者失其時也晉
灼已有詳釋芳笑服而退

音辭篇十八

夫九州之人言語不同生民已來固常然矣自春秋
標齊言之傳離騷目楚詞之經此蓋其較明之初也

後有楊雄著方言其書大備然皆考名物之同異不
顯聲讀之是非也逮鄭玄注六經高誘解呂覽淮南
許慎造説文劉熹製釋名始有譬况假借以證音字
耳而古語與今殊別其間輕重清濁猶未可曉加以
外言内言急言徐言讀若之類益使人疑孫叔言創
爾雅音義是漢末人獨知反語至於魏世此事大行
高貴鄉公不解反語以爲恠異自茲厥後音韻鋒出
各有土風遞相非笑指馬之諭未知孰是共以帝王
都邑参校方俗考覈古今爲之折衷搉而量之獨金
陵與洛下耳南方水土和柔其音清舉而切詣失在

○陈书十周铁虎传：『梁世南渡，语音伧重。』

○南齐书四七王融传，上书曰：『前中原士庶，虽沦慑殊俗，至于婚葬之辰，犹巾褠为礼。』

○宋书八八薛安都传：从弟道生，亦以军功为大司马参军，犯罪，为秣陵令庾淑之所鞭。安都欲往杀淑之。柳元景责让之曰：『卿从弟服章言论，与寒细不异，虽复人士，庾淑之亦何由得知？且人身犯罪，理应加罚。』

○梁书四八卢广传：范阳涿人。天监中归国。时北来人儒学者有崔灵恩、孙详、蒋显，并聚徒奖说，而音词鄙拙，惟广言论清雅，不类北人。沈峻传：『北人孙详、蒋显亦经啸习，而音革楚、夏，故学徒不至。』

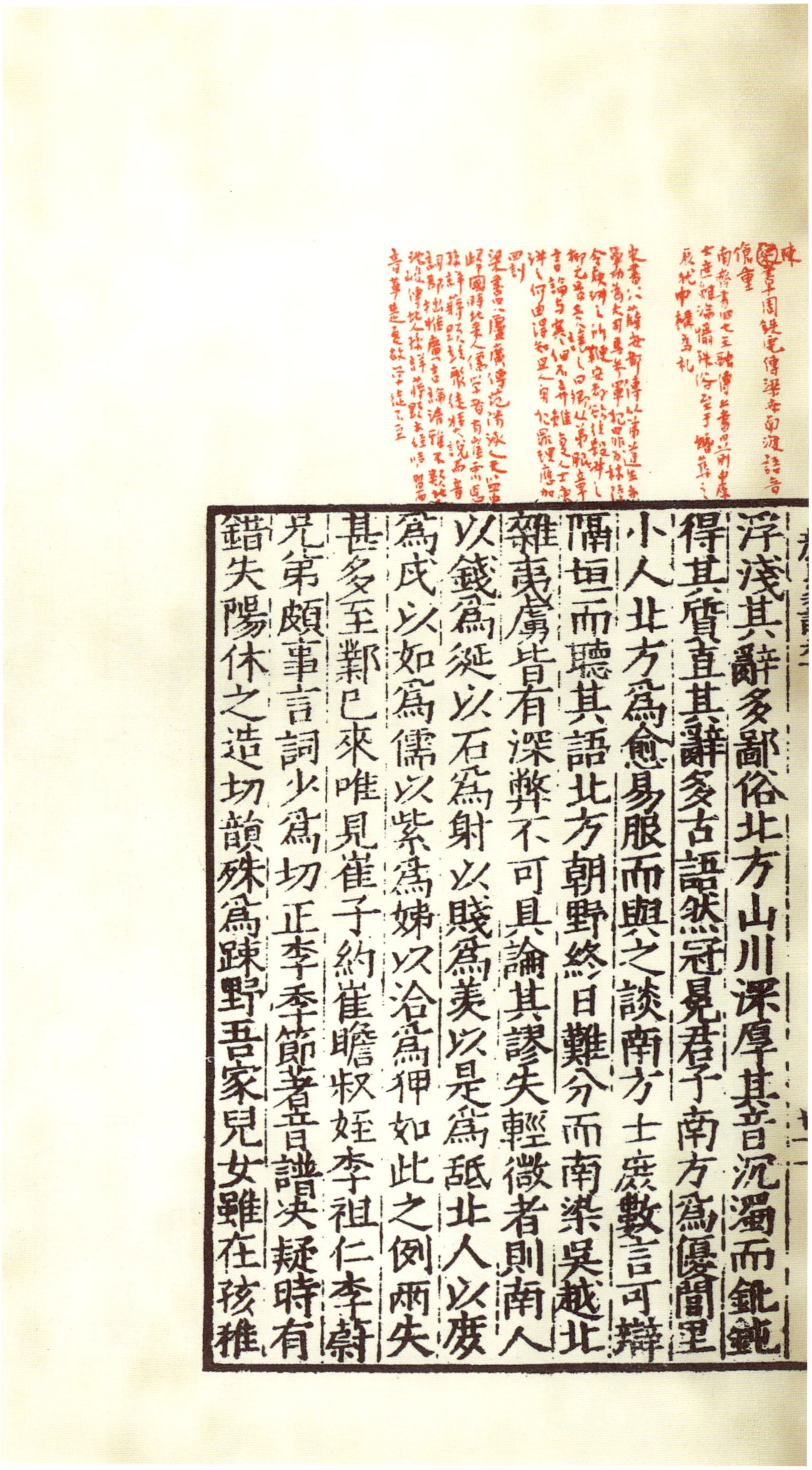

浮淺其辭多鄙俗北方山川深厚其音沉濁而鈋鈍得其質直其辭多古語然冠冕君子南方為優閭里小人北方為愈易服而與之談南方士庶數言可辯隔垣而聽其語北方朝野終日難分而南染吳越北雜夷虜皆有深弊不可具論其謬失輕微者則南人以錢為涎以石為射以賤為羨以是為舐北人以庶為戍以如為儒以紫為姊以洽為狎如此之例兩失甚多至鄴已來唯見崔子約崔瞻叔姪李祖仁李蔚兄弟頗事言詞少為切正李季節著音譜決疑時有錯失陽休之造切韻殊為踈野吾家兒女雖在孩稚

便漸督正之一言訛替以爲已罪矣云爲品物未考
書記者不敢輙名汝曹所知也古今言語時俗不同
著述之人楚夏各異蒼頡訓詁反稗爲逋賣反娃爲
於乖戰國策音刎爲免穆天子傳音諫爲間説文音
戛爲棘讀皿爲猛字林音看爲口甘反音伸爲辛韻
集以成仍宏登合成兩韻爲奇益石分作四章李登
聲類以系音羿劉昌宗周官音讀乘若承此例甚廣
必須考校前世反語又多不切徐仙民毛詩音反驟
爲在遘左傳音切椽爲徒緣不可依信亦爲衆矣今
之學士語亦不正古獨何人必應隨其訛僻乎通俗

文曰入室求曰捜反爲兄侯然則兄當音所榮反今北俗通行此音亦古語之不可用者璵璠魯之寶玉當音餘煩江南皆音藩屏之藩岐山當音爲奇江南皆呼爲神祇之祇江陵陷没此音被於關中不知二者何所承案以吾淺學未之前聞也北人之音多以舉莒爲矩唯李季節云齊桓公與管仲於臺上謀伐莒東郭牙望桓公口開而不閉故知所言者莒也然則莒矩必不同呼此爲知音矣夫物體自有精麁精麁謂之好惡人心有所去取去取謂之好惡上呼号下烏故反此音見於葛洪徐邈而河北學士讀尚書云好呼考

反生惡殺於各反是爲一論物體一就人情殊不通矣
甫者男子之美稱古書多假借爲父字北人遂無一
人呼爲甫者亦所未喻唯管仲范增之號須依字讀
耳管仲號仲父范增號亞父　案諸字書焉字鳥名或云語詞皆
音於愆反自葛洪要用字苑分焉字音訓若訓何訓
安當音於愆反於焉逍遙於焉嘉客焉用佞焉得仁
之類是也若送句及助詞當音矣愆反故稱龍焉故
稱血焉有民人焉有社稷焉託始焉爾晉鄭焉依之
類是也江南至今行此分別昭然易曉而河北混同
一音雖依古讀不可行於今也邪者瑁未定之詞左

傳曰不知天之棄魯邪抑魯君有罪於鬼神邪莊子
云天邪地邪漢書云是邪非邪之類是也而北人即
呼爲也字亦爲誤矣難者曰繫辭云乾坤易之門戶
邪此又爲未定辭乎荅曰何爲不爾上先標問下方
列德以折之耳江南學士讀左傳口相傳述自爲凡
例軍自敗曰敗打破人軍曰敗補敗反諸記傳未見補
敗反徐仙民讀左傳唯一處有此音又不言自敗敗
人之別此爲穿鑿耳　古人云膏粱難整以其爲驕
奢自足不能剋勵也吾見王侯外戚語多不正亦由
內染賤保傅外無良師友故耳梁世有一侯常對元

○刘昐遂谓后书鲍永为司隶校尉五年，有能名，故后人称焉。

帝飲謔自陳癡鈍乃成颸段元帝荅之云颸異涼風段非干木謂郢州爲永州元帝啓報簡文簡文云庚辰吳入遂成司隸如此之類舉口皆然元帝手敎諸子侍讀以此爲誡河北反攻字爲古琮與工公功三字不同殊爲僻也比世有人名暹自稱爲纖名琨自稱爲衮名洸自稱爲汪名約藉自稱爲獡藉非唯音韻舛錯亦使其兒孫避諱紛紜矣

雜藝篇第十九

眞草書迹微須留意江南諺云尺牘書疏千里面目也承晉宋餘俗相與事之故無頓狼狽者吾幼承門

顏氏家訓卷

業加性愛重所見法書亦多而翫習功夫頗至遂不能佳者良由無分故也然而此藝不須過精夫巧者勞而智者憂常爲人所役使更覺爲累韋仲將遺戒深有以也　王逸少風流才士蕭散名人舉世唯知其書翻以能自蔽也蕭子雲每歎曰吾著齊書勒成一典文章弘義自謂可觀唯以筆迹得名亦異事也王褒地胄清華才學優敏後雖入關亦被禮遇猶以書工崎嶇碑碣之閒辛苦筆硯之役嘗悔恨曰假使吾不知書可不至今日邪以此觀之愼勿以書自命雖然廝猥之人以能書拔擢者多矣故道不同不相

梁書五十顧協傳博涉羣書工于草隸南史更有飛白二字

北齊書四四張景仁以善書被擢封建安王李百藥譏云自蒼頡以來八體取進一人而已

○梁书五十顾协传：『博涉群书，工于草隶。』南史更有「飞白」二字。

○北齐书四四张景仁，以善书被擢，封建安王。李百药讥云：『自苍颉以来，八体取进，一人而已。』

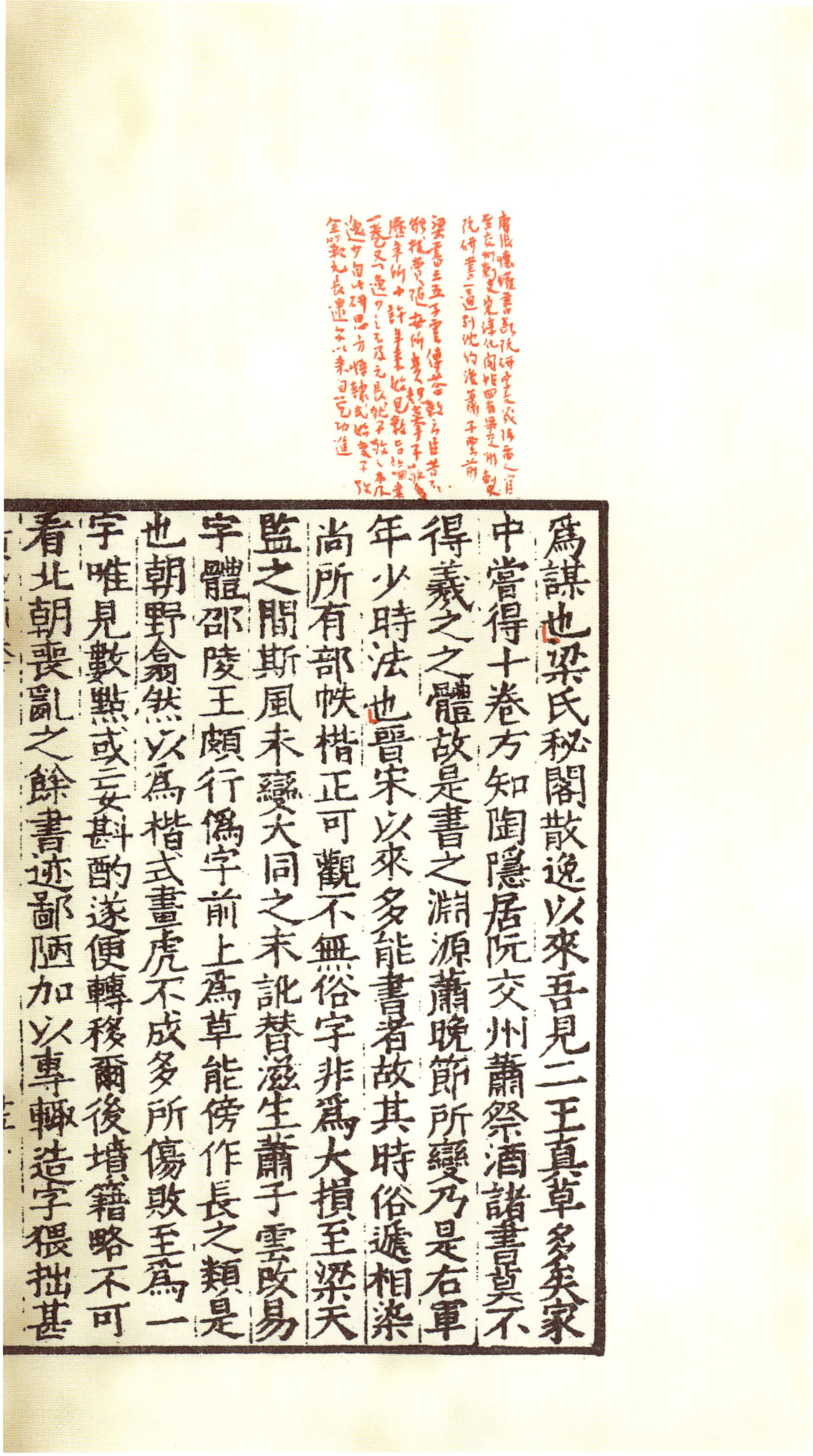
爲謀也梁氏秘閣散逸以來吾見二王真草多矣家
中嘗得十卷方知陶隱居阮交州蕭祭酒諸書莫不
得羲之之體故是書之淵源蕭晚節所變乃是右軍
年少時法也晉宋以來多能書者故其時俗遞相染
尚所有部帙楷正可觀不無俗字非爲大損至梁天
監之間斯風未變大同之末訛替滋生蕭子雲改易
字體邵陵王頗行僞字前上爲草能傍作長之類是
也朝野翕然以爲楷式畫虎不成多所傷敗至爲一
字唯見數點或妄斟酌遂便轉移爾後墳籍略不可
看北朝喪亂之餘書迹鄙陋加以專輒造字猥拙甚

○唐张怀瓘书断：阮研，字文几，陈留人。官至交州刺史。宋淳化阁帖四有梁交州刺史阮研书一通，列沈约后、萧子云前。

○梁书三五子云传，答敕云：臣昔不能拔赏，随世所贵，规摹子敬，多历年所。十许年来，始见敕旨论书一卷。又以逸少之不及元长，犹子敬之不及逸少。自此研思，方悟隶式，始变子敬，全范元长。逮尔以来，自觉功进。

於江南乃以百念爲憂言反爲變不用爲罷追來爲歸更生爲蘇先人爲老如此非一徧滿經傳唯有姚元標工於楷隸留心小學後生師之者衆洎于齊末祕書繕寫賢於往日多矣江南閭里間有畫書賦此乃陶隱居弟子杜道士所爲其人未甚識字輕爲軌則託名貴師世俗傳信後生頗爲所誤也

畫繪之工亦爲妙矣自古名士多或能之吾家常有梁元帝手畫蟬雀白團扇及馬圖亦難及也武烈太子偏能寫真坐上賓客隨宜點染即成數人以問童孺皆知其名矣蕭賁劉孝先劉靈並文學已外復佳此法翫

○卢本。

○南史卅八柳恽传：『尝与琅玡王瞻博射，嫌其皮阔，乃摘梅帖乌珠

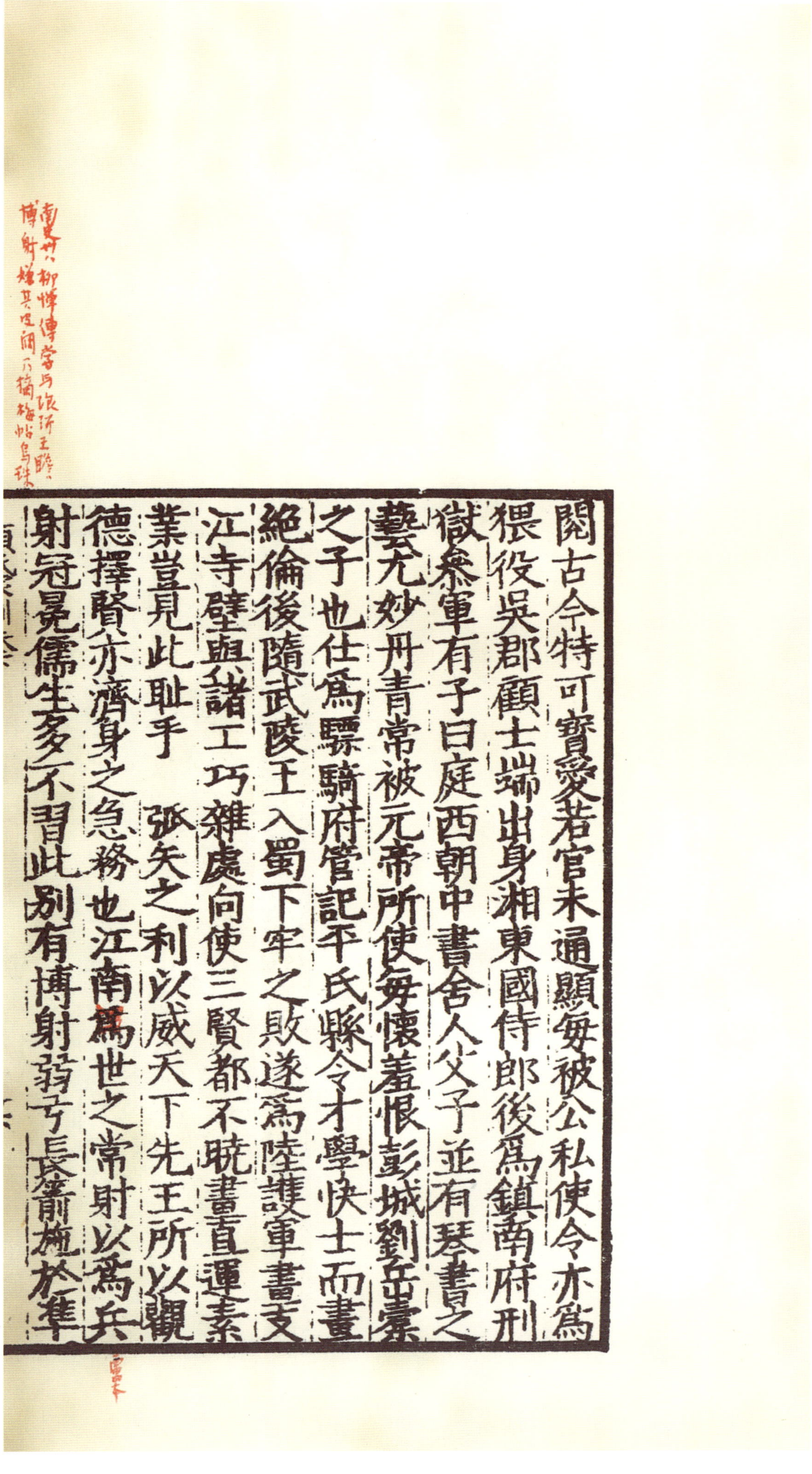

閲古今特可寶愛若官未通顯每被公私使令亦爲猥役吳郡顧士端出身湘東國侍郎後爲鎮南府刑獄参軍有子曰庭西朝中書舍人父子並有琴書之藝尤妙丹青常被元帝所使每懷羞恨彭城劉岳橐之子也仕爲驃騎府管記平氏縣令才學快士而畫絶倫後隨武陵王入蜀下牢之敗遂爲陸護軍畫支江寺壁與諸工巧雜處向使三賢都不曉畫直運素業豈見此耻乎　弧矢之利以威天下先王所以觀德擇賢亦濟身之急務也江南謂世之常射以爲兵射冠冕儒生多不習此別有博射弱弓長箭施於準

之上，发必命中，观者惊骇。』

之上發必命中觀者驚駭

的揖讓昇降以行禮焉防禦寇難了無所益亂離之
後此術遂亡河北文士率曉兵射非直葛洪一箭已
解追兵三九讌集常縻榮賜雖然要輕禽截狡獸不
願汝輩為之　卜筮者聖人之業也但近世無復佳
師多不能中古者卜以決疑今人生疑於卜何者守
道信謀欲行一事卜得惡卦反令恜恜（音敕）惕也此之謂
乎且十中六七以為上手粗知大意又不委曲凡射
奇偶自然半收何足賴也世傳云解陰陽者為鬼所
嫉坎壈貧窮多不稱泰吾觀近古以來尤精妙者唯
京房管輅郭璞耳皆無官位多或罹災此言令人益

信儻值世網嚴密，強負此名，便有詿誤，亦禍源也。及星文風氣，率不勞爲之。吾嘗學六壬式，亦值世間好匠，聚得龍首、金匱、玉軨變、玉曆十許種書，討求無驗，尋亦悔罷。凡陰陽之術，與天地俱生，其吉凶德刑，不可不信，但去聖既遠，世傳術書，皆出流俗，言辭鄙淺，驗少妄多，至如反支不行，竟以遇害，歸忌寄宿，不免凶終，拘而多忌，亦無益也。

筭術亦是六藝要事，自古儒士論天道定律曆者，皆學通之。然可以兼明，不可以專業。江南此學殊少，唯范陽祖暅精之，位至南康太守。河北多曉此術。（暅音亘）

醫方之事，取妙極難，不

勸汝曹以自命也微解藥性小小和合居家得以救
急亦為勝事皇甫謐殷仲堪則其人也　禮曰君子
無故不徹琴瑟古來名士多所愛好洎於梁初衣冠
子孫不知琴者號有所闕大同以末斯風頓盡然而
此樂愔愔雅致有深味哉今世曲解雖變於古猶足
以暢神情也唯不可令有稱譽見役勳貴處之下坐
以取殘杯冷炙之辱戴安道猶遭之況爾曹乎　家
語曰君子不博為其兼行惡道故也論語云不有博
奕者乎為之猶賢乎已然則聖人不用博奕為教但
以學者不可常精有時疲倦則儻為之猶勝飽食昏

睡兀然端坐耳至如吳太子以爲無益命韋昭論之王肅葛洪陶侃之徒不許目觀手執此並勤篤之志也能爾爲佳古爲大博則六箸小博則二焭今無曉者比世所行一焭十二棊數術淺短不足可翫圍棊有手談坐隱之目頗爲雅戲但令人耽憒廢喪實多不可常也　投壺之禮近世愈精古者實以小豆爲其矢之躍也今則唯欲其驍益多益喜乃有倚竿帶劍狼壺豹尾龍首之名其尤妙者有蓮花驍汝南周璝弘正之子會稽賀徽賀革之子並能一箭四十餘驍賀又嘗爲小障置壺其外隔障投之無所失也至

○艺文类聚七四梁简文帝弹棋谱序：『尔乃观壮士之出师，望兵棋之式道，上升则搏翼穹天，赴下则建瓴高屋，乘危则栈山航海，历险则束马悬车，完五忆霸国之勋，全六想陈平之智，反八均高阳之数，四角思汉后之歌，飞几同晋侯之琴，徘徊异邺中之辇，牵牛觉乘槎之来，织女拟云軿之去。故古人或言之礼乐，或比之仁让，或喻以修身，或齐诸道德，良有旨也。』又梁元帝有谢东宫赐弹棋局启。

○宋本有。

○南朝人多自作砖营墓，见宋书九一孝义传中吴逵王彭传。

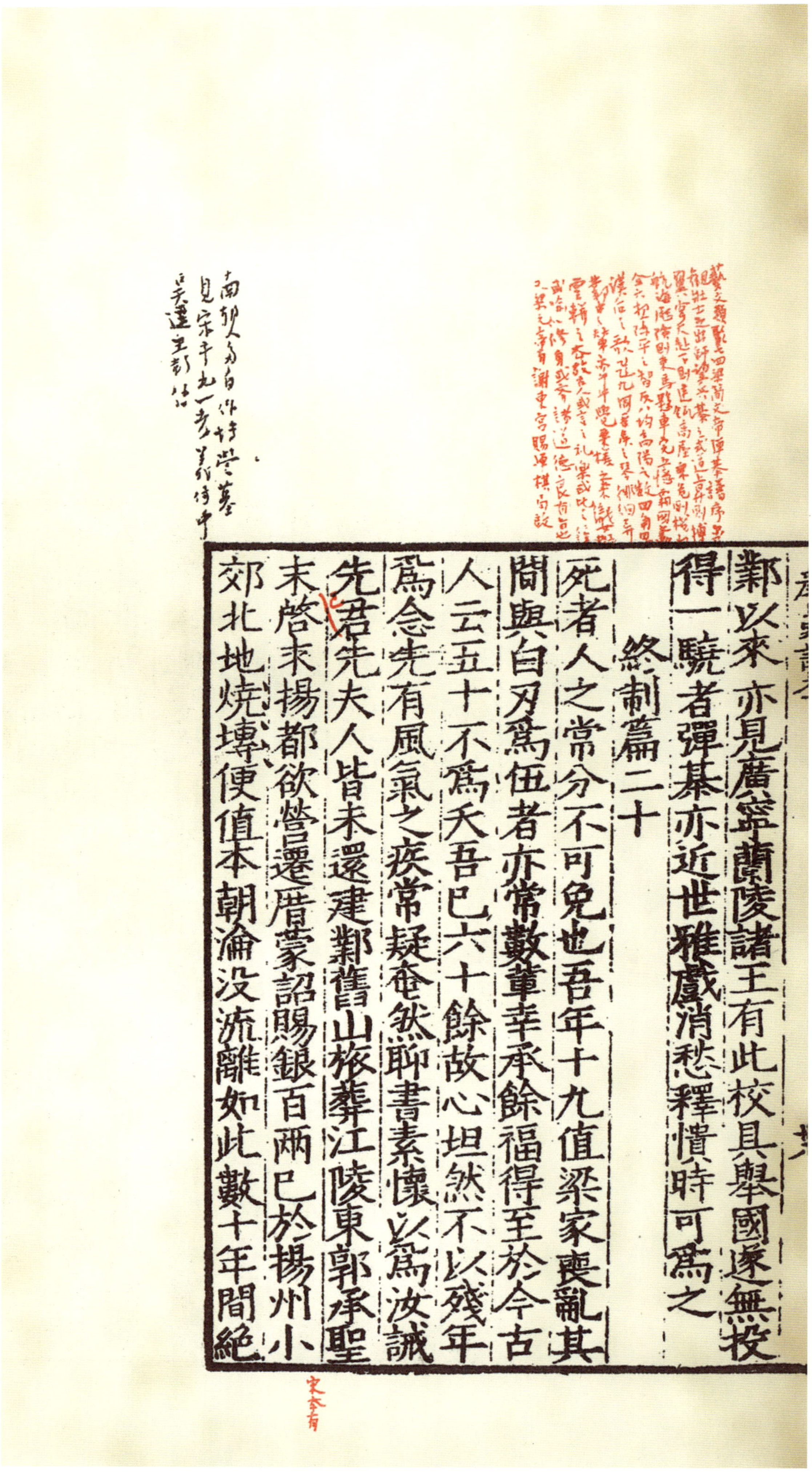

鄴以來亦見廣寧蘭陵諸王有此校具舉國遂無投得一驍者彈棊亦近世雅戲消愁釋憒時可爲之

終制篇二十

死者人之常分不可免也吾年十九值梁家喪亂其間與白刃爲伍者亦常數輩幸承餘福得至於今古人云五十不爲夭吾已六十餘故心坦然不以殘年爲念先有風氣之疾常疑奄然聊書素懷以爲汝誡先君先夫人皆未還建鄴舊山旅葬江陵東郭承聖末啓求揚都欲營遷厝蒙詔賜銀百兩已於揚州小郊北地燒塼便值本朝淪没流離如此數十年間絕

於還望今雖混一家道罄窮何由辦此奉營資費且揚都汙毀無復孑遺還被下濕未爲得計自咎自責貫心刻髓計吾兄弟不當仕進但以門衰骨肉單弱五服之內傍無一人播越他鄉無復資廕使汝等沉淪廝役以爲先世之恥故靦冒人間不敢墜失兼以北方政教嚴切全無隱退者故也今年老疾侵儻然奄忽豈求備禮乎一日放臂沐浴而已不勞復魄殮以常衣先夫人棄背之時屬世荒饉家塗空迫兄弟幼弱棺器率薄藏內無塼吾當松棺二寸衣帽已外一不得自隨床上唯施七星板至如蠟弩牙玉豚錫

人之屬並須停省糧甖明器故不得營碑誌旒旐彌在言外載以鼈甲車襯土而下平地無墳若懼拜掃不知兆域當築一堵低墻於左右前後隨爲私記靈筵勿設枕几朔望祥禫唯下白粥清水乾棗不得有酒肉餅果之祭親友來餟酹者一皆拒之汝曹若違吾心有加先妣則陷父不孝在汝安乎其内典功德隨力所至勿刳竭生資使凍餒也四時祭祀周孔所教欲人勿死其親不忘孝道也求諸内典則無益焉殺生爲之翻增罪累若報罔極之德霜露之悲有時齋供及盡忠信不辱其親所望於汝也孔子之葬親

〇宋本及下九字作『及七月半盂兰盆』。

也云古者墓而不墳丘東西南北之人也不可以弗
識也於是封之崇四尺然則君子應世行道亦有不
守墳墓之時況爲事際所逼也吾今羈旅身若浮雲
竟未知何鄉是吾葬地唯當氣絶便埋之耳汝曹宜
以傳業揚名爲務不可顧戀朽壤以取湮没也

顔氏家訓下卷終

出版说明

《颜氏家训》是魏晋南北朝时期的文学家颜之推的传世之作，在中国教育史上影响巨大，享有『古今家训，以此为祖』之美誉。作为中国文化史上的一部重要典籍，《颜氏家训》对中国社会的发展影响深远，在历史学、古文献学等领域具有很高的学术价值。

周一良，字太初，安徽东至人，学贯中西的史学大家。周先生自幼熟读经、史、子部书，其父周叔弢先生是中国著名的藏书家，周老先生捐献的藏书成为国家图书馆善本书库的奠基之作。周先生不仅有家学渊源，且师承一代史学大师陈寅恪先生，一生醉心于魏晋南北朝史研究。周先生在治史过程中披阅传统典籍，留下了大量题记眉批，如二十四史中的《史记》《汉书》《晋书》《三国志》，以及《颜氏家训》《世说新语》《文选》《华阳国志》《佛国记》《游仙窟》等。我社曾于2016年出版周先生的回忆录，从周先生幼子周启锐先生处得见周先生批校的《颜氏家训》。周先生选定的批校底本为明辽阳傅氏刊本(后收入《四部丛刊》)，是目前价值很高的原刻本。上好的版本结合凝结周先生史学思想和学术研究的批校文字，极具出版和传承价值，经过慎重的选题论证后，我社决定整理并出版本书，冀以嘉惠学林，启迪后人。

周先生曾两次批校此书，首次批校为朱笔小楷，二次批校为黑墨，基本为眉批。周先生从史学和版本学的角度出发，对《颜氏家训》的字词、段落进行了注释和校勘。由于字号略小，且字体变化较大，不易辨识，本书在整理过程中，维持原著风貌，对批校文字进行录入性整理，疑难之处以编者案的方式酌情进行注释。录入文字按原文先后顺序排序，且与周先生的批校文字颜色一致，以保留手迹和古籍原貌。

本书的顺利出版，离不开周启锐先生的大力支持和著名历史学家祝总斌先生的悉心指导。在文字识别、整理、勘误和校对过程中，本书得到南开大学文学院余才林老师和北京大学历史学系李彦楠博士的帮助，在此向大家表示诚挚的谢意。

适值周一良先生诞辰一百〇五周年之际，本社组织整理并出版此书，以纪念周一良先生。

天津人民出版社

二〇一七年十一月